아로마 관리학

Aroma Therapy

군자출판사

아로마관리학
Aroma Therapy

첫째판 1쇄 인쇄 | 2010년 12월 20일
첫째판 1쇄 발행 | 2010년 12월 30일

지 은 이 김계숙 · 강신옥 · 전혜숙
발 행 인 장주연
편집디자인 민영선
표지디자인 박미나
발 행 처 군자출판사
등 록 제 4-139호(1991. 6. 24)

본 사 (110-717) 서울특별시 종로구 인의동 112-1 동원회관 BD 6층
Tel. (02) 762-9194/5 Fax. (02) 764-0209
대구지점 Tel. (053) 428-2748 Fax. (053) 428-2749
광주지점 Tel. (062) 228-0252 Fax. (062) 228-0251
부산지점 Tel. (051) 893-8989 Fax. (051) 893-8986

www.koonja.co.kr

*파본은 교환하여 드립니다.
*검인은 저자와의 합의 하에 생략합니다.

ISBN 978-89-6278-337-7

정가 18,000원

저자소개

김계숙
천안연암대학 뷰티아트과 조교수

강신옥
코스모 C & T 교육이사
동덕여자대학교 비만미용향장
특수대학원 향장에스테딕 전공과 교수
누벨피부비만연구소 소장

전혜숙
신흥전문대학 뷰티아트과 겸임교수
누벨피부비만관리실 원장

서문

아로마테라피는 전인적 치료(holistic therapy)의 방법으로 심리적 · 정서적 · 육체적 삶의 질을 높일 수 있는 대안으로 우리 곁에 머무른지 꽤 오래전이었으나, 최근 10여 년 전 부터 well-being 바람과 함께 전문적인 프로그램으로 자리 잡게 되었다.

본 교재는 총 7chapter로 구성되어 있으며, 아로마테라피의 전반적인 소개와 이해 및 아로마테라피(aroma therapy)를 위한 식물&정유학을 통해 에센셜 오일의 화학적 특성과 인체에 미치는 약리적 효과 및 올바른 블렌딩 방법을 상세히 알기 쉽게 정리 해 놓았다. 또한 5chapter 아로마테라피 관리의 실제 부분에서는 아로마를 처음 접하는 학생이나 아로마 전문관리실을 오랜기간 운영중인 경험있는 원장님들에게 도움이 될 수 있도록 하였다. 또한 고객의 바디분석평가를 통한 한 차원 높은 고객관리 체형분석에 따른 관리 요령과 방법을 소개하였다. 특히 아로마테라피 시 고객의 인체생리학적 특성을 이해하기 쉽도록 7chapter에 인체해부생리학을 쉽고 간결하게 요약하였다.

첫 교재의 집필의 설레임에 성의껏 열심히 집필했으나, 막상 출판을 앞두고 보니 부족한 점이 눈에 띄어 탈고를 망설였다. 그러나 향후 좀 더 수정 보완된 완벽하고 만족할 만한 교재를 선보일 것을 약속드리며 부족한 교재를 내놓기까지 물심양면 도움을 주신 군자출판사 사장님 이하 피부미용교재 담당 선생님 그리고 출산 휴가 중 많은 수고를 아끼지 않으신 김성아과장님께 감사의 인사를 대신합니다.

2010년 11월 가을, 단풍 곱고 풍요로운 날

저자 일동

목차

CHAPTER 1 아로마테라피의 소개

CHAPTER 2 아로마 에션셜 오일의 이해

CHAPTER 3 아로마테라피를 위한 식물 & 정유학

CHAPTER 4 에션셜 오일의 블랜딩

CHAPTER 5 아로마테라피의 실제

CHAPTER 6 아로마테라피 매뉴얼 테크닉

CHAPTER 7 아로마테라피를 위한 인체해부생리

CHAPTER 1

아로마테라피의 소개

학습목표

아로마테라피(Aroma Therapy)의 정의에 관해 말할 수 있다.

1. 아로마테라피의 정의

아로마테라피는 향기 있는 식물의 꽃이나 나무, 나무껍질 액(수액), 뿌리나 과수, 씨앗 등의 다양한 부분들에서 여러 가지 방법으로 추출한 에센셜 오일을 사용한다. 이러한 에센셜 오일은 정유라고도 불리워지며, 이를 인체에 흡입 또는 흡수시킴으로써 육체적 · 정신적 · 심리적인 측면을 자극 또는 조절하여 인체의 항상성 및 컨디션의 균형을 제공함으로 면역력을 향상시키고 우리 몸의 건강증진을 도모하는 방법이다.

아로마테라피는 고대로부터 내려오는 오래된 자연 치료요법의 하나이다. 이러한 에센셜 오일에는 수십 개에서 많게는 수백 개의 화학물질들이 함유되어 있다.

즉 'Aroma' 란 달콤한 향기, 좋은 향기란 뜻이며 'Therapy' 는 치료 또는 요법이란 말로서 '향기를 이용한 치료 요법' 을 의미하는 합성어이다.

에센셜 오일(essential oil = 정유)은 식물 스스로가 자신의 생명유지, 종족 번식, 성장을 위해 식물 자체를 방어할 수 있는 일종의 호르몬이다. 이들 식물의 호르몬은 자기방어 기제의 역할을 갖는 강한 에너지와 힘을 함유하고 있어 살균작용, 살충작용, 방부작용, 항염작용 등 다양한 약리효능을 갖게 되는 것이다(그림 1-1). 이러한 약리작용은 때로는 단일 성분, 때로는 여러 성분들이 복합적으로 화합하여 상승 작용하는 것으로 보이며, 이에 대한 많은 연구가 이루어지고 있다.

> **아로마테라피Aroma Therapy란?**
>
> Aroma란 달콤한 향기, 좋은 향기란 뜻이다.
> Therapy는 치료 또는 요법이란 말이다. 즉 '향기를 이용한 치료 요법' 을 의미하는 합성어이다.

그림 1-1 아로마테라피에 활용되는 식물

정리하기

아로마테라피란 용어의 정의에 관해 서술하시오.

아로마테라피는 인체의 어떤 측면에 영향을 미치며, 3가지 궁극적 효과는 무엇인지 서술하시오.

2. 아로마테라피의 역사

학습목표

아로마테라피(Aroma Therapy)의 역사를 알 수 있다.
근대 아로마테라피 발전에 공헌한 3인을 설명할 수 있다.

아로마 오일의 역사는 고대 종교행사나 재래의식 시 향기가 나는 재료를 태워 신께 받치는 의식에서 그 기원을 찾아 볼 수 있다. 즉 주술적인 용도나 종교적인 용도 혹은 전통적 치료법으로 전해져 내려오던 것이 세계 1, 2차 세계대전 시 화학의 발달로 전성기를 맞게 되었다. 그러던 것이 1970년 이후 영국과 프랑스를 중심으로 활발한 연구가 이루어져 왔고, 1980년대 말 이후에는 대중화되어 공급되었으며, 1900년 이후 웰빙(well-being)과 친 자연주의로 현대의 아로마테라피가 자리 잡게 되었다.

1) 우리나라의 아로마테라피

우리나라에서의 향의 사용은 주로 종교 및 재래의식에서 사용하였고, 특히 민간에서 질병의 소독 및 공기정화에 향을 피웠던 기록을 볼 수 있다.

단군신화의 단이 속칭 박달나무를 의미하며, 박달나무는 향나무를 뜻하여 길조로 여겨졌다. 그럼으로 우리의 조상들은 박달나무를 신성하게 여겼으며, 소원성취를 비는 나무이기도 하였다. 특히 조상을 섬기거나 복을 빌 때 향유를 주변에 뿌렸으며 향을 피우므로 공기를 정화하는 등 우리 생활과 밀접하게 관련되어 있음을 알 수 있다. 이후에 삼국시대의 향은 불교의식에서 공향의식으로 향을 사용하였으며, 단오날에 창포물에 머리를 감고 목욕을 하거나 향낭주머니를 속옷 안에 차는 등의 행동으로 안 좋은 냄새를 없애는 용도로 향을 활용하였다는 사실을 알 수 있다.

조선시대에는 유교사상으로 향로 등이 크게 발전하지는 못하였으나, 이미 향 문화는 대중에게 널리 보급되어 향낭, 향집, 향갑, 향로, 향구 등도 다양하게 발달·사용되었다.

2) 근대의 아로마테라피

18세기 이후에는 향료사용과 향수사용이 보다 보편적으로 널리 보급되면서 초기에 단일향 만 사용하던 것에서 점차 발전하여 3~4가지 향유를 조합하여 독특한 향이 만들어지기 시작하였다.

현대 아로마테라피의 전성기는 프랑스의 화학자인 가테포세(Gattefosse), 발렛(Valnet), 그리고 모리(Maury)의 연구로부터 시작되었다.

1881년 프랑스 리용 태생인 화학자인 가테포세(Rene Maurice Gattefosse)는 실험을 하던 중 화상을 입어 옆에 있던 라벤더 물에 손을 담근 후 라벤더가 화상에 매우 효과적이라는 것을 경험하게 되었고, 그 후 그는 오일의 치료적 가능성에 매료되어 아로마를 연구하는데 평생을 바쳤다. 1928년 가테포세는 첫 저서 『Aromatherapie』를 출간했으며 '아로마테라피' 란 용어를 처음 사용하였다.

오스트리아 출신의 생화학자 마가렛 모리(Marguerite Maury)는 프랑스인 의사와 결혼 후 의학적 측면에서 아로마 사용을 시도하였으며, 노화를 극복하고 이기는 비결에 관한 연구를 하여, 그 비결이 담긴 저서 『The Secret of Life and Youth』라는 책을 저술했다. 이 저서에는 향유를 사용으로 질병을 예방하고 젊고 아름답게 살기 위한 비밀이 담겨져 있다. 그녀는 파리, 영국, 스위스에 최초로 아로마테라피 크리닉을 세웠고, 에센셜 오일을 마사지와 접목시켜 아로마 성분을 피부 경피에 흡수시킴으로 그 약리효과가 나타나게 하였다. 이러한 아로마 마사지는 척추의 '신경 중추' 를 따라 오일을 발라 심신의 이완 및 경직된 근육을 풀어줌으로 지독한 근육통을 경감시키는 효과 등의 특별한 마사지 테크닉을 개발하여 아로마를 활용한 피부미용의 새로운 장을 연 계기가 되었다.

장 발랫(Dr. Jean Valnet)은 프랑스 의사였다. 그는 환자들의 치료에 에센셜 오일을 적용했으며, 1964년 『The Practice of Aromatherapy』를 저술했다. 1948~1959년 그는 인도차이나 전쟁 당시 군의관으로 일하면서 상처 치료와 살균, 소독 등에 에센셜 오일을 이용했다.

제 1, 2차 세계대전 이후, 항생제의 출현으로 아로마테라피는 잠깐 고개를 숙이는가 싶더니 자연으로 돌아가자는 의식과 함께 현대에 들어와 전인적 치료 요법 중 하나인 대체의학적 개념으로 일반인들에게 널리 사용되고 있다.

3) 중세의 아로마테라피

중세 알렉산더 대왕의 수 많은 정벌로 인하여 이집트, 인도 등 수천 년의 역사를 가지고 있는 약초와 각종 향유들에 대한 정보가 중동지역을 경유하여 유럽으로 보급되었다. 특히 13세기 실크로드를 통해 중국에 들어간 마르코폴로의 중국 기행문인 『동방견문록』이 15세기 독일어로 번역되면서 동방의 신비로움에 관한 관심이 고조되었고, 많은 향신료와 향유 등이 중국, 인도 등에서 수입되었다는 기록을 볼 수 있다.

향유 사용은 로마제국의 멸망으로 잠시 주춤하게 되었으나, 십자군 원정에서 패한 병사들이 동방의 향과 향유를 구입하여 귀향하면서 다시 향유의 사용이 활성화되었다. 특히 아라비아의 아비세나에 의해 최초로 증류장치가 개발되면서 향기나는 물인 토닉과 알코올이 제조된 이후, 유럽에 알려지면서 알코올이 첨가된 향유가 사용되기 시작했다.

4) 고대의 아로마테라피

고대 이집트인들은 기원전 약 4,000년경 종교의식과 장례행사에 프랑키센스(frankincense), 몰약(myrrh) 등의 향료가 사용되었다. 특히 이들은 죽은 후 사후 세상을 믿었기 때문에 죽은 사람의 시체 처리 시 시체 방부와 살균, 소독의 의미로 몰약을 사용하였다고 한다.

1870년대에 조지 에버스(Gerge Ebers)는 기원전 1,500년경에 이집트에서 850여종의 식물을 이용한 치료법 기록서인 파피루스 뭉치를 발견하였으며, 제18대 왕조 투탕카멘(Tutankhamen)의 묘가 1922년에 발굴되면서 고대 이집트인들의 아로마 오일 사용을 확인하게 되었다. 이러한 향료와 화장품 제조기술은 이집트의 클레오파트라 시대까지 계속되었으며, 이 시기가 향장산업의 절정기였다.

한편, 그리스시대 의학의 아버지라 일컫는 히포크라테스(Hippocrates, B.C 460~377)는 질병의 예방이나 건강을 위하여 향료를 이용한 목욕을 하거나 마사지를 하도록 권장하였고, 온욕이나 냉욕에 아로마를 희석하여 환부 부위를 찜질하도록 권유하였으며, 아로마 연고를 만들어 환부에 발랐다는 기록도 볼 수 있다.

히포크라테스와 갈렌(Galen)과 같은 그리스의 의사들이 인류를 불, 물, 흙, 공기의 4원소를 가진 우주로 이해하고, 인간은 이들 4원소를 가지고 태어난 소우주로 이해하였다. 이에, 질병이 찾아오는 것은 이들 4원소의 균형이 깨짐에 의한 것으로 보고, 이들의 균형을 회복하는 것을 치료법으로 생각하여 아로마를 활용하였다. 심지어 이들 그리스 사람들에게 있어서 향의 사용은 종교의식뿐만 아니라, 개인위생 및 미적 치장용으로 사치스런 향료문화가 있었음을 알 수 있고, 향유를 몸에 발라 몸의 상태에 따라 여러 가지 향 처방이 있었음을 알 수 있다.

로마시대는 그리스의 사치스런 향료 문화가 전해져 전성기를 맞이했다고 볼 수 있다. 이 시기는 동방에서 향료가 전해진 이래, 가장 많이 향료를 소비하였다. 로마인들은 일상생활에서 머리와 옷, 목욕 용품, 집안의 방향제, 곤충이나 모기, 파리 등의 살충 및 공기 정화 등에도 향유를 뿌리거나 말린 허브를 태웠던 기록을 볼 수 있어, 이들의 삶에 향유 사용은 매우 보편화되었음을 알 수 있다(그림 1-2).

로마시대에 유명했던 네로 황제는 특히 장미향을 좋아하여 장미꽃으로 가득 채운 욕조에서 목욕하는 것을 즐기거나, 로즈워터 스프레이를 향수 대신 뿌리거나, 공기에 분사했다는 기록에서도 삶 속에 향유사용이 일반화되었음을 알 수 있다.

고대 인도는 약 3,000년 전 부터 향유가 사용되었다는 사실을 인도인의 삶과 의학 경전인 『아유르베다(Ayurveda)』에서 찾아 볼 수 있다. 이 경전에 의하면 인도인은 질병 치료 및 환부에 향유를 활용한 마사지법이 상세하게 소개되고 있고, 수백 종의 식물로부터 추출한 오일을 이용한 다양한 식물의 향유제조법과 사용방법이 소개되어 있다.

중국은 전통의학의 대가들이 우주의 생성원리를 목(木), 화(火), 토(土), 금(金), 수(水)의 5원소로 보았고 인간의 질병은 이들 5원소의 상호의존성 및 상생원리 등이 깨짐에서 오는 현상으로 보았다. 이러한 질병을 치료하는 방법으로 식물의 즙이나 탕약을 먹거나 향유를 바르는 방법에 의존하였다. 또한 중국인들의 향유 사용은 고대 약초요법과 침술 및 지압 등과 더불어 민간요법으로 전해 내려왔다. 특히 온욕, 반신욕, 족욕 시 향유를 떨어뜨려 질병 치료 및 예방효과가 있다고 믿었다.

기원전 2000년 고대 황실 건강기록서인 서적 『황제내경』에 여러 가지 향료식물이 질병 치료적인 방법으로 사용되었다는 기록물을 볼 수 있다. 또한 약초요법 기록서인 『본초강목』에는 12,000여 종의 약초 처방이 기록되어 있어, 현재의 중국 전통의중의학의 기초를 제시하였다는 사실을 알 수 있다.

그림 1-2 고대 벽화에 나타난 아로마 이용

정리하기

근대 아로마테라피의 3인은 누구이며, 그들은 각각 어떤 주요업적을 남겼는지 설명하시오.

중세 아로마테라피의 역사에 관해 설명하시오.

고대 아로마테라피의 역사를 비교 설명하시오.

우리나라 아로마테라피 역사의 근원은 어디에서 찾을 수 있는지 설명하시오.

CHAPTER 2

아로마 에센셜 오일의 이해

학습목표

에센셜 오일 추출법의 종류와 원리에 관해 말할 수 있다.
에센셜 오일 추출법의 종류에 따른 장·단점을 비교 설명할 수 있다.
에센셜 오일의 다양한 활용 방법에 관해 설명할 수 있다.
에센셜 오일에 함유된 화학적 특성과 효능에 관해 설명할 수 있다.
인체 흡수 경로에 따른 에센셜 오일의 작용원리를 설명할 수 있다.
다양한 에센셜 오일의 종류에 따른 특성과 효과에 대해 설명할 수 있다.

Aroma Therapy

1. 에센셜 오일의 추출법

1) 증기증류법

이 방법은 가장 경제적인 방법으로 저렴한 비용으로 많은 양의 정류를 얻을 수 있어 보편적으로 널리 사용되는 추출방법이다.

식물의 종류에 따라 수확하자마자, 혹은 약간 말린 상태로 식물 자체가 어느 정도 수분을 가지고 있는 상태에서 추출한다.

식물의 꽃, 줄기, 껍질, 씨, 풀 등 원하는 부위에 증기를 넣어 정유를 수증기와 함께 유출하는 방법이다.

식물들이 증기에 의해 뜨겁게 되면, 에센셜 오일들이 식물에서 분리되어 증발하게 된다. 증발되어 나온 작은 분자들은 증기와 함께 냉각관으로 들어가며, 이 관이 차가운 물통을 지나면 액체 상태로 농축된다. 이때 에센셜 오일은 물을 뽑아 낼 수 있는 통의 상층 부위에 뜨게 된다. 이 방법은 대량으로 아로마 오일을 얻을 수 있는 장점이 있는 반면, 고온에서 일부 성분이 열에 의해 손상되기 때문에 열에 약한 식물은 이용할 수 없다는 단점이 있다(그림 2-1).

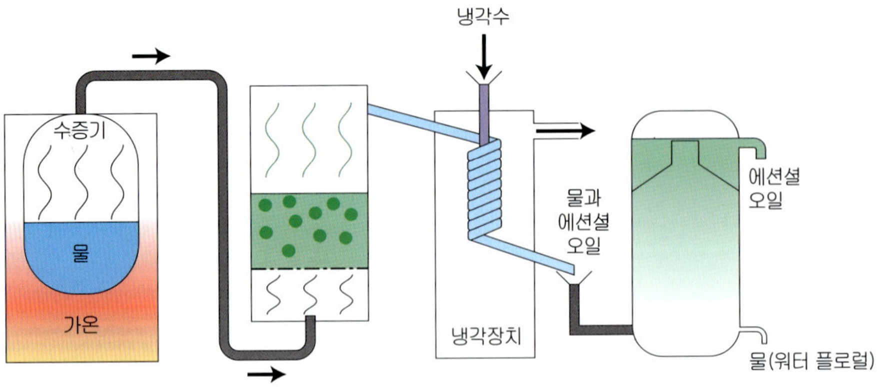

그림 2-1 증기 증류법(steam distillation)

2) 압착법

레몬, 오렌지, 그레이프 후르츠, 버가못, 라임, 만다린 등의 감귤류를 압착에 의해 얻어내는 방법이다. 압착법은 추출 과정에서 열이나 특정 용매를 가하지 않고 오일을 추출하므로 오일 성분이 파괴되지 않는 안정성을 가지며, 많은 양을 다량 얻을 수 있고 비교적 가격이 저렴하다는 장점이 있다. 그러나 다른 방법으로 추출된 오일보다 산화되는 성질이 높아 뚜껑을 열게 되면, 6개월 이내에 사용하는 것이 좋으며 보관상 햇볕노출을 자제해야 한다(그림 2-2).

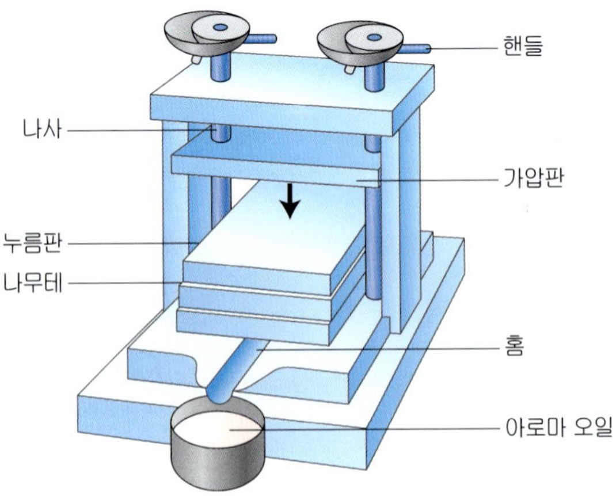

그림 2-2 압착법(expression)

3) 용매 추출법

이 방법은 아세톤(acetone)이나 알코올 등의 휘발성 혹은 비휘발성 용매를 사용하여 추출하는 방법이다.

얻고자 하는 정유의 원료 성분인 식물에 솔벤트와 함께 비교적 낮은 온도에서 가열하여 추출한 후 솔벤트를 제거하여 얻어낸다. 이것을 'absolute' 라고 하며 솔벤트가 완전히(99.999%) 제거될수록 고품질이다. 간혹 솔벤트가 충분히 제거되지 않은 상태의 제품이 유통되어 사용되게 되면, 솔벤트에 의한 독성으로 인해 피부자극 및 알레르기 등을 야기할 수 있어 솔벤트를 완전히 제거해야 한다.

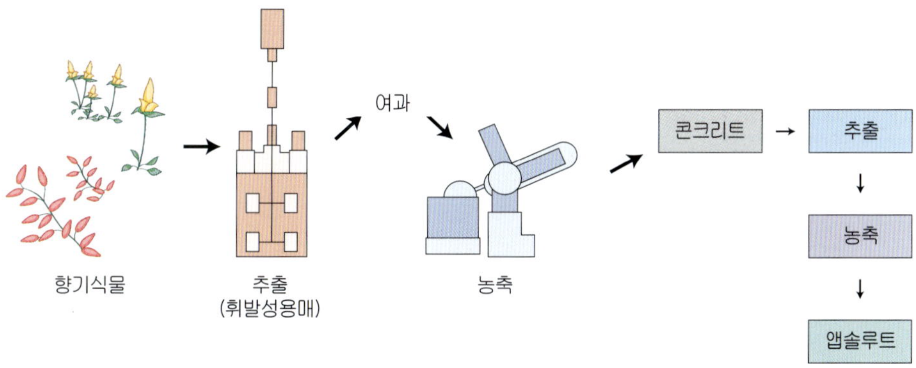

그림 2-3 용매 추출법(solvent extraction)

4) 냉침법

냉침법(enfleurage)과 온침법은 아로마 재료를 비휘발성인 동·식물성 유지를 이용하여 유사성분을 유지에 흡수시켜 상온상태에서 일정시간 경과 후에 추출하는 방법으로, 주로 꽃이나 꽃잎에서 아로마 정류를 얻고자 할 때 흔히 사용되는 추출방법이다.

냉침법은 오랜 전통 전해 내려오는 방식으로 동·식물성 지방유가 녹아 있는 재료에 추출하고자 하는 신선한 꽃잎이나 잎을 넣고 일정시간 지나면 동·식물성 지방유가 꽃잎에 스며들어 포화되면서 다시 식물의 정유가 흘러나오게 되는 방법이다. 이렇게 얻은 상태의 아로마 향이 함유된 동·식물성 지방 혼합물을 포마드(pomade)라고 하고, 생성된 포마드에서 동·식물성 지방을 제거하기 위하여 알코올에 녹여 에션셜 오일을 농축시켜 앱솔루트(absolute)를 얻는다. 주로 로즈, 쟈스민 등의 꽃으로부터 가장 고품질의 오일을 추출하는 전통적인 방법으로 손이 많이 가고 시간이 오래 걸리는 작업이므로 오일의 가격도 높고, 얻은 정유 또한 그 양이 매우 적으나, 정유의 약리적 효과가 파괴되지 않은 순도 있는 오일을 얻을 수 있어 안정적이라는 긍정적 효과가 있다. 또한 유성성분을 오일에 녹여내므로 수분에 의한 가수분해나 세균감염을 예방할 수 있다.

5) 온침법

식물 원료를 산화가 덜 되는 선플라워 오일이나 아몬드 오일과 같은 향기와 독성이 없는 식물성 오일 안에 넣고 따뜻한 곳에 일정 시간 두면 오일에 식물 원료로부터의 향기와 성분이 녹아 베이스 오일에 희석된다. 희석된 오일에서 베이스 오일과 녹아 나온 정유를 분리한다. 식물의 치료 특성을 흡수한 이 오일은 플로랄 오일이라고 불리며, 온침법의 과정에서 알코올을 사용하여 추출한 물질은 '틴키' 라고 한다.

6) 이산화탄소 추출법

이 방법은 액체 상태의 이산화탄소를 용매로 이용한 고가의 복잡한 기구를 사용하여 추출하기에 장비설치 비용이 많이 들어 추출된 정유 또한 고가라는 단점이 있다. 그러나 이 추출방법은 이산화탄소가 가벼워 매우 빨리 휘발되어 잔류 용매가 남지 않아 순도가 높은 오일을 얻을 수 있다는 장점이 있다. 특히 열에 약한 식물의 정유를 얻고자 할 때 사용되는 추출방법이다.

2. 에션셜 오일의 활용법

1) 흡입법

아로마테라피에 관한 전문지식이 없는 비전문가들도 가장 간단하게 적용할 수 있는 방법이 아로마 흡입법이다. 고대 이래로 아로마 재료나 방향성 식물을 훈증시켜서 방향성 향을 흡입하거나 태워서 각종 의식에 이용하였듯이, 아로마 오일의 성분들이 기체 형태로 휘발됨으로 방향성과 속도가 빨라, 쉽게 아로마 성분이 흡수되어 효과를 볼 수 있다. 이러한 아로마 성분의 기체 형태를 이용한 흡입은 코를 통하여 폐에 도달하게 되며, 폐포에 있는 많은 혈관과의 접촉에 의하여 쉽게 혈액으로 녹아들어 간다. 따라서 혈관으로의 이동이 용이하고 쉽게 순환계에 도달할 수 있으며, 낮은 농도에 의해서도 효과를 볼 수가 있다.

(1) 직접 흡입법

① 증기 흡입법

머그컵이나 볼에 더운물을 담고 그곳에 아로마 오일을 몇 방울을 떨어뜨린 후, 용기에 머리를 수그리고 직접 흡입하는 방법이다.

② 손수건, 솜, 티슈 등을 이용한 방법

손수건, 솜, 티슈 등에 아로마 오일을 떨어뜨린 후, 향을 흡입하는 방법으로 베개나 이불에 떨어뜨려 취침 시 활용할 수도 있다.

③ 후드가 설치된 공간에서 흡입하는 방법

후드(hood)가 설치되어 있는 작은 공간에서 아로마 오일과 공기를 함께 분무시켜 아로마 증기를 흡입하는 방법으로 아로마 흡입이 끝나면 후드에 설치된 팬에 의해 아로마 증기가 밖으로 배출된다.

그림 2-4 아로마 램프 흡입법

④ 펜던트를 이용하는 방법

목적에 맞는 아로마 오일을 선택하여 펜던트에 넣고 목에 걸고 다니면서 아로마 오일을 흡입하는 방법이다.

(2) 간접 흡입법

① 아로마 램프 이용법

아로마테라피를 이용할 수 있는 가장 일반적인 방법으로 아로마 램프에 물을 채운 다음, 아로마 오일을 몇 방울 떨어뜨린 후에 초를 이용하여 서서히 가열함으로 아로마 오일을 휘발·발산시키는 방법이다. 일부 불안정한 물질은 파괴될 우려가 있고, 어떤 물질은 기화가 되지 않고 남아 있는 단점도 있다(그림 2-4).

② 분무기

아로마 오일을 물과 혼합하여 분무하는 방식으로 물과 함께 분무되어 공기 중에 확산되어 나간다. 주로 시트러스 계열의 아로마 오일을 물과 희석한 후 분무하면, 공기가 정화되고 향기를 얻게 되어 정서적으로 안정하게 한다.

③ 가습기를 이용하는 방법

가습기에서 나오는 수증기를 이용하는 방법으로 헝겊에 아로마 오일을 떨어뜨린 후, 가습기에서 수증기가 나오는 부분에 놓아두면 수증기가 증발하면서 아로마 오일이 수증기와 함께 확산되어 나가는 방식으로 기관지 천식이나 기관지염 치료에 좋다. 이때 가습기 내부의 물에 직접 아로마 오일을 떨어뜨리면, 오일이 물 위를 떠다니게 되어 효과가 떨어진다.

2) 목욕법

아로마 오일은 족욕, 수욕, 좌욕, 온욕을 이용하여 흡수할 수 있다. 족욕과 수욕의 경우, 적당한 크기의 그릇에 미지근한 물을 채운 후 8~10방울의 아로마 오일을 가한다. 그리고 10~15분간 치료 부위를 담근 뒤, 건조한 수건으로 15분간 감싸둔다. 위와 같은 경우에 효과적인 증상으로는 관절염, 피부염, 류머티즘, 건성피부, 발꿈치 통증 등이 있다. 전신 목욕을 위하여 아로마 오일을 10~15방울을 가하고, 때때로 에센셜 오일이 퍼지도록 오일 주위를 물로 휘저어 준다. 이때 유화제를 가해주면 물과 오일이 더 잘 섞인다. 이러한 목욕법은 아로마 오일을 코를 통하여 흡입하는 방법과 마사지를 통하여 흡수하는 두 가지 효과를 볼 수가 있다(그림 2-5).

3) 마사지법

마사지는 아로마 오일을 적용하는데 있어서 매우 중요한 방법으로 몸을 이완시켜 혈액순환을 개선시킴으로 심신을 안정하게 하여 피로를 풀어주는데 효과적인 방법이다. 아로마 마사지법은 아로마 오일을 캐리어 오일에 희석하여 직접 피부에 도포하여 마사지하는 방법으로 피부의 유형이나 처방에 맞게 아로마 오일을 블랜딩 한다. 아로마 마사지를 통하여 일부 아로마 성분이 피부를 통과하여 혈액에 흡수되며, 이러한 흡수를 통하여 신체의 장기에 영향을 주어 아로마 효과를 볼 수 있으며, 마사지시 코를 통한 아로마 흡입도 이루어져 목욕법과 같은 효과를 나타낸다(그림 2-6).

이러한 아로마 마사지법의 장점은 다음과 같다.

- 노폐물 배출을 촉진하는 효과가 있다.
- 혈액 순환과 림프 순환의 흐름을 개선한다.
- 근육이완과 근육피로의 감소효과를 갖는다.
- 스트레스 해소에 효과적이다.
- 정신적인 피로감 해소 및 항우울증에도 효과적이다.

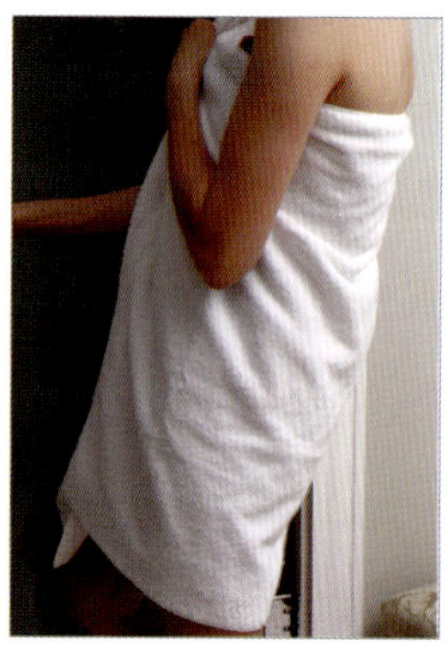

그림 2-5 아로마를 활용한 목욕법

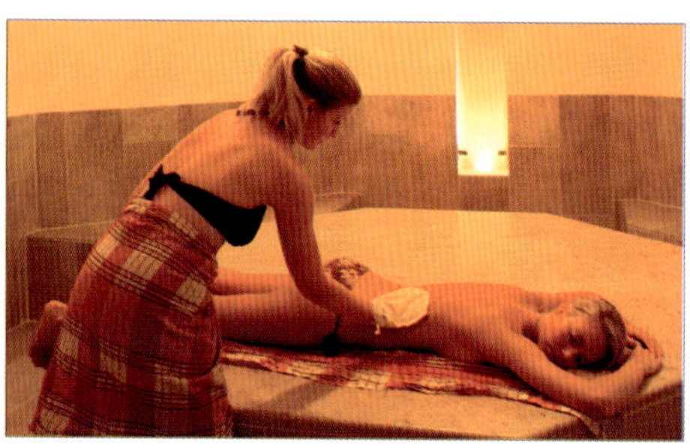
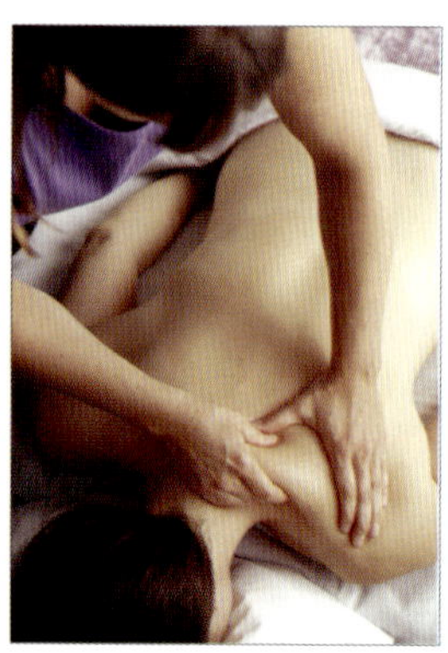

그림 2-6 아로마를 활용한 마사지법

3. 에센셜 오일의 인체 흡수 경로에 따른 작용원리

정유는 피부 관리에 광범위하게 쓰이는 것은 물론 화상, 여드름, 염증 등의 치유에도 사용되어 지고 있다. 스트레스를 받거나 피곤할 때 또는 피부가 거칠어 졌을 때 정유를 사용하여 심신의 건강과 활력을 높일 뿐 아니라 미용효과도 높일 수 있다. 정유는 대개 피부를 통하거나 호흡기를 거쳐 폐를 통해 체내로 흡수되는데, 이때 흡수된 정유 분자들은 혈관으로 들어가 온몸으로 퍼져 비정상적인 세포들을 정상화시키고 최종적으로 신장을 통해 체외로 배설되는 경로를 거치게 된다. 또한 코의 후각신경을 통해 대뇌신경계에 향기에 대한 정보가 전해진다. 대뇌신경계는 감정을 조절하고 자율신경이나 호르몬의 중추가 있는 부분이므로 후각신경을 통해 전해진 향기 신호의 영향으로 몸과 마음의 질병이 치유되는 것이다(그림 2-7).

1) 후각

후각세포의 섬모는 점막에서 분비되는 점액의 엷은 층에 잠겨 있고, 이 섬모들은 코로 운반된 향기 분자와 접촉되며, 그 분자들은 후각세포를 화학적으로 자극한다. 후각세포에서 전기적 신호로 변환된 향기 분자의 정보는 후각신경을 통해 대뇌변연계에 전해진다. 변연계의 자극은 시상하부로 전달되고 다시 뇌하수체로 전달되어 자율신경계, 내분비계, 면역계를 관장하여 신체 활동을 조절하게 된다.

2) 호흡

코로 흡입되어 폐로 들어간 향 입자들은 폐포에서 가스교환에 의해 혈액순환계(혈액, 림프액)를 통해 피부를 비롯한 각 인체기관에 전달되어 조직 또는 세포에까지 영향을 미치게 된다.

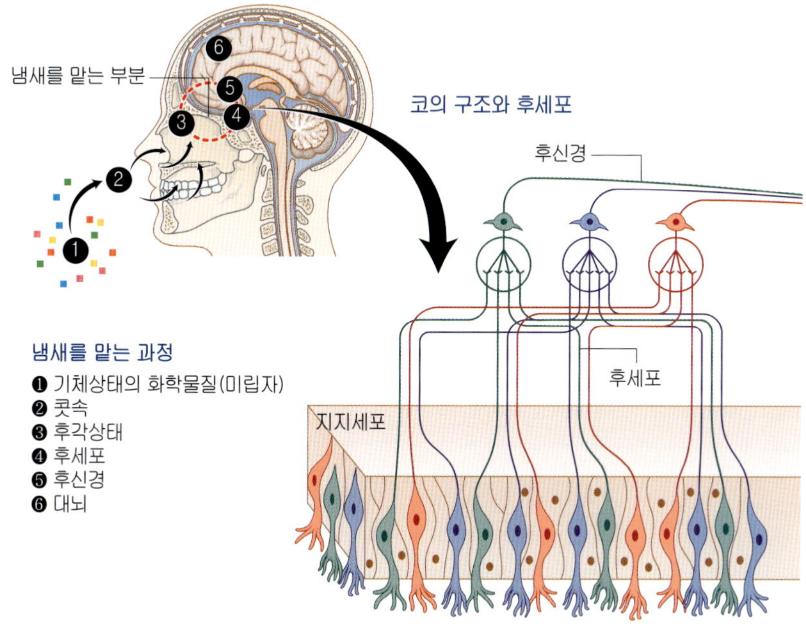

그림 2-7 향분자가 뇌에 전달되는 과정

3) 피부

정유의 입자는 일차적으로 모공과 땀구멍을 통해 피부에 흡수될 뿐 아니라 이차적으로 정유의 지용성으로 인해 지방질 속에 녹아들어 피부세포 사이로 침투하여 피부의 진피층까지 흡수된다. 이후에 혈액순환과 림프순환을 통해 전신을 순환하게 되며, 순환하던 정유는 자가면역 기구를 고양시키고 친화력을 가진 특정 기관에 머물기도 하며 근육에도 영향을 미친다(그림 2-8).

혈액순환과 림프순환에 의해 혈류에 도달하는데 있어 가장 늦게 도달하는 것은 향이 무거운 베이스 노트로 이에 속하는 정유는 분자 구조가 커서 혈류에 흡수되는 속도가 당연히 오래 걸린다(그림 2-10). 이렇게 해서 흡수된 정유는 짧게는 몇 시간에서 길게는 며칠 동안 인체에 머물면서 치유과정을 계속한다. 일반적으로는 8시간 체내에 머문 후 소변을 통해 체외로 배설되나 건강하지 않은 인체의 경우나 정유의 종류에 따라서 더 오랜 시간 체류하기도 한다(그림 2-9).

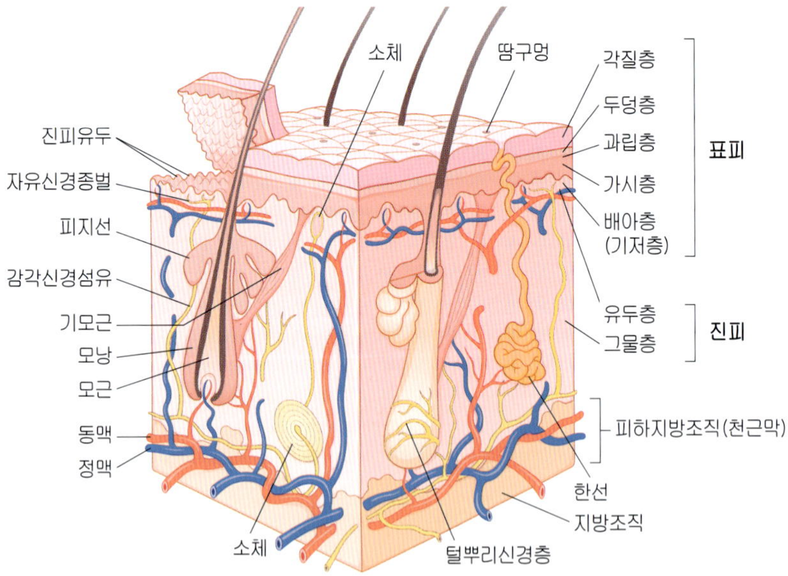

그림 2-8 피부의 구조

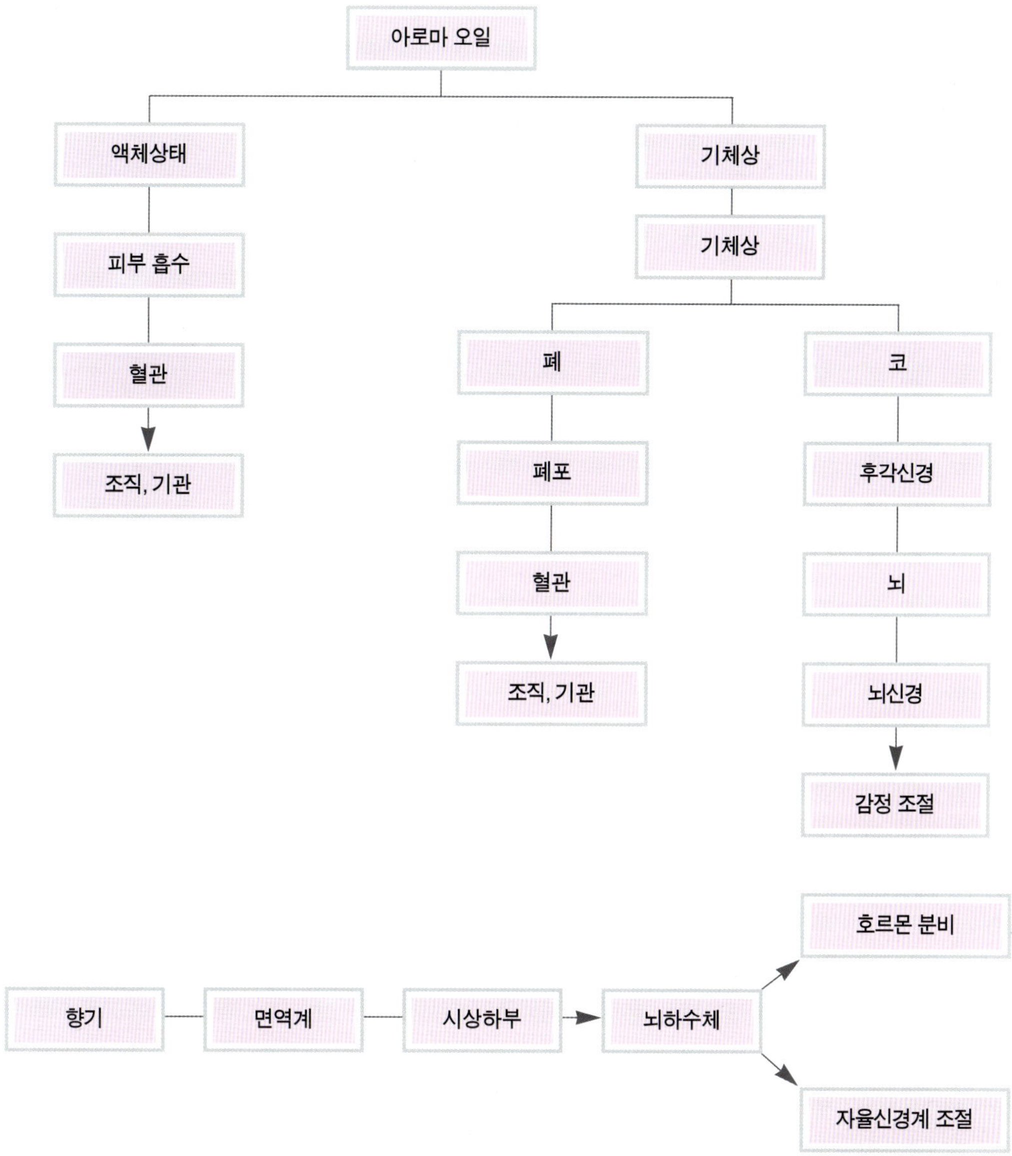

그림 2-9 에센셜 오일의 인체작용 경로

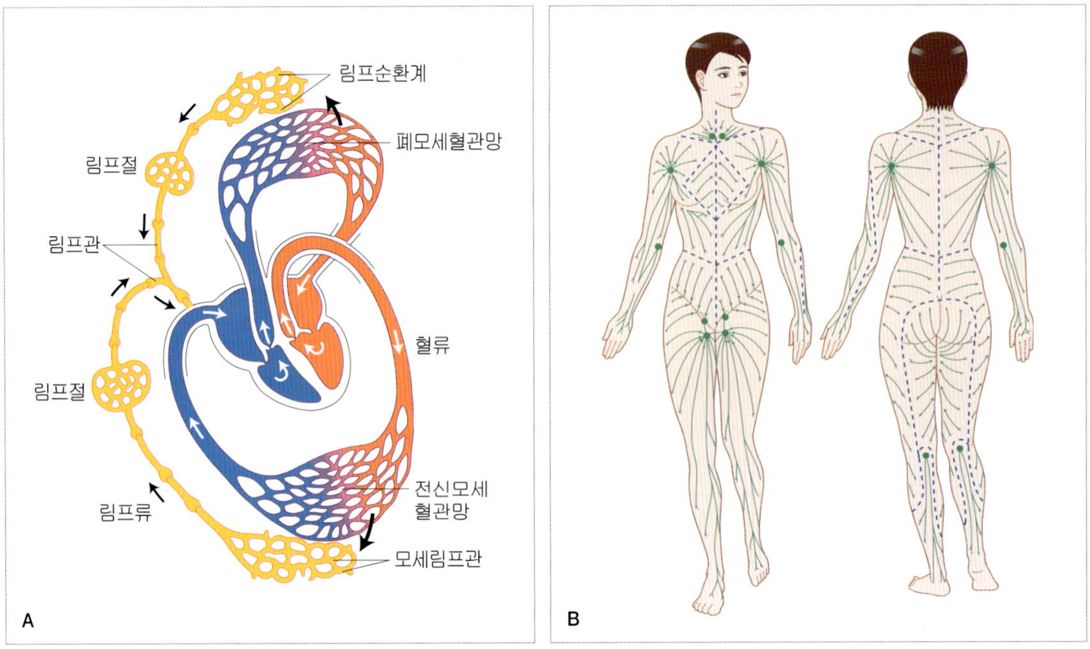

그림 2-10 아로마 향에 의한 림프순환 경로. A: 순환계와 림프 B: 림프의 흐름

4) 입

혀 아래의 흡수관을 통해 소화관으로 흡수되며, 에션셜 원액이 위 점막 등을 손상시킬 수가 있으므로 희석상태에서 섭취해야 한다. 낮은 비중의 정유는 갈색 설탕에 흡수시킨 후 섭취하며, 수지성의 정유는 꿀에 섞어서 섭취하기도 하지만 이와 같은 방법들은 아직 대부분의 나라에서 금지하고 있으며 반드시 의사의 지시에 따라야 한다.

4. 에션셜 오일의 적용 시 주의사항

① 에션셜 오일의 단독 사용은 피하고 캐리어 오일을 적당하게 블랜딩하여 사용한다.

② 먼저 고객의 팔 안쪽이나 귀 뒤쪽에 패치테스트(patch-test)를 하여 24시간 경과 후에 피부 알레르기 여부를 확인한다.

③ 고객의 나이, 신체부위 및 적용 방법을 고려하여 에션셜 오일과 캐리어 오일의 용량을 정확히 지켜야한다.

④ 감귤류와 같은 오일은 색소침착의 우려가 있는 광감성 오일이므로 낮 동안 관리 시에 주의해야 하며, 관리 후 2~4시간 동안 외출을 자제하는 것이 좋다. 또한 산화가 빠르기 때문에 개봉 후 6개월 이내에 사용하는 것이 좋다.

⑤ 임산부나 고혈압, 간질 환자에게 사용해서는 안 되는 오일은 주의해야 한다.

⑥ 3개월 미만의 어린아이에게 사용해서는 안 되며, 어린이에게 사용 가능한 오일을 선택하여 사용한다.

⑦ 오일은 갈색의 차광 유리병을 활용하여 직사광선이나 열 또는 빛이 있는 장소는 피한다.

⑧ 라벤더, 티트리를 제외한 정유를 단독으로 피부에 바르지 않도록 한다.

5. 에센셜 오일에 함유된 화학적 성분과 효능

에센셜 오일(정유)은 탄소(C), 수소(H), 산소(O) 등의 분자로 구성된 유기화합물로 적게는 50여종 이상에서 100여 가지 이상의 화학성분의 결합으로 되어 있다. 이들 화학적 화합물의 분자는 인체 내에서 메신저와 같은 고유의 역할을 한다. 즉 에센셜 오일(essential oil)의 구성 분자들이 인체에 흡수되면 조직세포와 각 시스템에 자극을 주거나 영향력을 미치는 정보를 직·간접적으로 교환 전달해준다.

식물의 호르몬이라고 일컬어지는 에센셜 오일은 서로 다른 200여 가지 성분으로 구성되어 각각의 정유 고유 효능을 가지고, 인체에 미치는 영향이 다르게 작용되어진다. 이들 성분은 구성 및 구조에 따라 몇 개의 그룹으로 나누어진다. 이렇게 식물마다 고유한 향기는 고유의 특성을 갖는데, 이는 그 식물이 특유의 향으로 자신을 보호하려는 것이기도 하다. 또한 식물이 갖는 고유의 특성은 식물이 자라는 기후, 토양, 영양 및 환경이 다르기 때문이므로 그 효능도 달라지는 것이다.

대부분의 식물은 인간과 동물, 곰팡이, 박테리아 등에게 먹이와 서식처를 제공한다. 식물은 자신에게 필요한 식량을 스스로 생산하고 다른 개체나 유기물질을 먹지 않고 살아갈 수 있기 때문에 자가영양물(autotroph)이라 한다. 식물이 녹색으로 보이는 이유는 엽록체(chloroplast)에 엽록소(chlorophyll)가 들어있기 때문이다. 엽록소는 빛에너지를 흡수하며 식물세포에 있는 엽록체는 태양의 빛에너지를 이용하여 이산화탄소와 물을 재료로 포도당이나 다른 유기화합물 등의 화학에너지를 만든다. 즉 광합성과 호흡에 의한 탄소동화와 에너지 전환을 이룬다. 대부분의 탄소와 에너지는 마지막에 단백질, 핵산, 지방 및 다른 분자가 되는데, 이 분자들은 생물의 모든 세포에 보편적으로 존재하여 세포와 생물이 완전한 구조를 구축하고 기능을 하는데 필요하다. 즉 식물의 생명에 필수적인 이러한 분자들을 1차 대사물질이라 한다. 또한 많은 식물에서 동화된 탄소와 에너지 중 중요한 부분이 생장과 발달에 분명한 역할을 갖지 않은 것으로 보이는 유기분자의 합성으로 전환된다. 즉 생물의 생명기능에 필수적이 아닌 분자들의 예로는 알칼라이드, 배당체, 수지, 점액, 사포닌, 스테로이드, 탄닌, 정유 등은 2차 대사물질로 알려져 있다.

생태계는 다양한 세균, 박테리아, 바이러스, 진균류, 선충, 진드기, 곤충, 포유동물, 다른 초식동물 등이 함께 공존하고 있는데, 식물은 스스로가 움직여서 이러한 다양한 초식동물과 병원체의 공격을 피할 수 없기에 스스로를 보호하는 화학성분, 즉 에센셜 오일(정유)로 스스로를 보호하는 대처법으로 생명을 유지한다고 볼 수 있다.

1) 에센셜 오일의 화학성분과 특징

(1) 테르펜 Terpinene

거의 모든 에센셜 오일에서 발견되며 인체에 미치는 효과가 경미하다는 단점이 있으나 부작용이 거의 나타나지 않는 매우 안전한 성분이다.

① 모노테르펜(monoterpen) C10

이름 끝에 'ene'가 온다. 리모넨은 펜넬과 파인, 프랑킨센스, 네놀리에서 얻어진다. 파이넨은 파인, 레몬, 프랑킨센스에서 발견되며 오시멘은 바질과 스윗마조람에서 얻어진다.

인체의 점막 부위에 자극적이라 가끔 알레르기 반응을 일으키는 고객이 있을 수 있으므로 피부 테스트를 한 후 사용하는 것이 안전하다. 산화가 빠르고 공기 증발이 매우 빠르다.

- **화학성분**: limone, terpinene, canphene, myrcene
- **효과**: 자극 촉진, 마취제, 진통제, 항생제, 항히스타민, 항염, 페로몬, 청결제
- **에센셜 오일**: 오렌지, 레몬, 라임, 페퍼블랙, 펜넬, 파인, 프랑킨센스, 바질, 스윗마조람

② 세스퀴테르펜(sesquiterpen) C15

캄아줄렌은 카모마일 블루에서 발견되며 카리오필렌은 라벤더와 마조람, 클라리 세이지에서 발견된다.

- **화학성분**: caryophyllen, bisabolol, santalol, zingiberol, carotol, famsol, chamazulene
- **효과**: 항염, 항생, 방부, 살균, 진정, 이뇨, 혈압강하저혈압, 페로몬, 항바이러스
- **에센셜 오일**: 카모마일 블루, 카모마일 저먼, 라벤더, 마조람, 클라리 세이지

③ 알코올(alcohol) C10 또는 C15 +-OH

알코올은 이름에 'ol'이 온다. 라나롤은 로즈우드와 라벤더에서 얻어지고 제라니올은 제라늄에서 산타롤은 샌달우드에서 발견된다. 인체에 독성이 없고 매우 안정적이다. 피부를 따뜻하게 하며 피부유연화를 가져다준다.

- **화학성분**: linalol, borneol, citronellol, santalol, estragol, nerol
- **효과**: 강한 살균, 방부, 항곰팡이, 항바이러스, 항박테리아, 항류머티즘, 진정효과가 있다.
- **에센셜 오일**: 제라늄, 라벤사라, 로즈우드, 티트리

④ 알데하이드(aldehydes)

이름에 알데하이드가 포함되거나 끝에 'al'이 붙는다.

시트로넬라는 시트로넬라에서 발견되고 시트랄은 레몬그래스 멜리사와 같으며, 대부분의 향이 과일의 향을 가지며 피부에 자극적인 경우도 있으니 주의를 요한다.

- **화학성분**: citral, citronellal, neral, geranial
- **효과**: 항염, 방부, 신경계의 진정제, 항바이러스, 살균, 안정작용
- **에센셜 오일**: 멜리사, 레몬그래스, 유칼립투스, 시트로넬라

⑤ 페놀(phenol)

- **화학성분**: thymol, carvacrol, eugenol
- **효과**: 감염 억제, 항박테리아, 피부자극, 항곰팡이, 면역조절작용, 기생충 제거, 온열효과
- **에센셜 오일**: 세이보리, 클로버, 시나몬, 타임

⑥ 케톤(ketones)

- **화학성분:** thujone, pulegone, pinocamphone, carvone
- **효과:** 항응고, 거담, 상처치유, 세포재생, 잠재적 신경독성, 지방분해 작용
- **에센셜 오일:** 유칼립투스, 로즈마리, 히솝, 자스민, 시나몬, 페퍼민트, 프랑킨센스

⑦ 에테르(eters)

- **화학성분:** anethol, methylchavicol, safrol, myristicin, apiol
- **효과:** 균형, 진정제, 이완, 온열효과, 정신자극 신경계 독성
- **에센셜 오일:** 바질, 타라곤

⑧ 에스테르(esters)

- **화학성분:** linalyl acetate, geranyl, bornyl acetate, methyl salicilate, acetate
- **효과:** 진정제, 균형, 신경계 강화, 항곰팡이, 항염효과
- **에센셜 오일:** 라벤더, 클라리 세이지, 카모마일 로만, 버가못, 일랑일랑

⑨ 옥사이드(oxide)

- **화학성분:** 1,8-cineole(eucalyptol), linaol oxide, bisabolol oxide
- **효과:** 거담, 신장기능촉진, 호흡계 자극
- **에센셜 오일:** 유칼립투스, 니아울리, 미르, 티트리, 카제풋

2) 에센셜 오일의 효능

정유는 하나의 식물에서도 추출 부위에 따라 여러 가지의 효능과 효과를 나타내는 약리적 효과를 갖는다.

① 신경계를 조절하여 근육의 긴장과 이완에 긍정적 작용을 한다.
② 혈액순환 촉진으로 인체의 생리적 측면을 강화시킨다.
③ 항균, 항바이러스 및 항박테리아 작용으로 염증을 완화하고 살균 및 소독작용을 돕는다.
④ 항스트레스 효과로 두통, 편두통 및 견비통 등을 예방 · 치료한다.
⑤ 소화촉진 효과로 강장작용을 한다.
⑥ 수렴작용으로 피부 발란스를 돕는다.
⑦ 세포재생효과, 면역체계의 증강 및 진정과 상처치유효과를 제공한다.

정유의 추출 부위에 따른 효능과 오일의 종류

추출 부위	효능	에센셜 오일 명칭
꽃	항우울, 성욕 증가	자스민, 네롤리, 일랑일랑, 로즈
잎	호흡기질환	티트리, 페티그레인, 패츄리, 유칼립투스
과일껍질	기분전환, 원기왕성	오렌지, 만다린, 레몬, 버가못
열매	해독작용	펜넬, 블랙페퍼
나무	비뇨, 생식기관 치료	시다우드, 샌달우드
수지	소독, 살균, 호흡기질환	프랑켄센스, 몰약
뿌리	신경계통 진정	베티버, 진저

3) 에션셜 오일의 종류에 따른 향 분류

블랜딩 한 에션셜 오일의 향을 맡으면 처음 맡았을 때의 향과 시간이 흐르면서 맡게 되는 잔향이 다르다는 것을 경험하게 된다. 이것은 오일에 따라 휘발속도가 다르기 때문이다. 19세기 프랑스의 화학자이자 향수제조사인 피에세(G.W. Septimus Piesse)는 향기를 음악에 비유하여 향의 분자 크기에 따른 휘발속도에 따라 탑, 미들, 베이스의 세 가지 향 노트로 구분하였다. 음악이 감상하는 사람에 따라 느낌이 다른 것처럼, 향기 또한 사람에 따라 휘발속도에 대한 느낌이 다르고, 제조회사나 아로마테라피스트에 따라 조금씩 분류에 차이가 나기도 한다.

아로마 오일에 대한 향기의 느낌은 개개인마다 다르며, 그때의 상태에 따라 다르나 일반적으로 감정 및 감각으로 느끼는 표현으로 나타내기도 하며, 노트(note)라는 용어를 이용하여 나타내기도 한다.

정유의 향을 코로 들이마실 때 코 끝에 처음으로 와 닫는 강하고 가벼운 향을 상향(top note)이라 하고, 중간쯤의 향을 중향(middle note), 깊게 가라앉으며 무겁고 오래 머무는 향을 저향(base note)이라 하며, 향수의 향 분류와 동일하게 분류한다.

향의 분류

방향성	특징	정유의 종류
상향 (top note)	- 향이 강하고 휘발성이 빠르다 - 지속시간은 3시간 이내이다.	감귤류 오일, 퍼페민트, 타임, 유칼립투스, 펜넬, 만다린, 라벤더, 그레이프후루츠, 레몬, 레몬그라스, 라임, 마조람, 오렌지, 세이지, 파인, 티트리, 버베나
중향 (middle note)	- 부드러우면서 따뜻한 느낌을 준다. - 적어도 2~3일간 향이 지속된다.	캄퍼, 캐롯씨드, 시더우드, 네롤리, 싸이프러스, 카모마일 로만 - 저먼, 제라늄, 쟈스민, 주니퍼베리, 히숍, 페퍼민트, 로즈우드, 클라리 세이지, 파인
저향 (base note)	- 안정적이며 무겁다. - 강하게 작용한다. - 향이 오래가게 하는 고착제로 쓰인다. - 향이 일주일 이상 지속된다.	시나몬, 클로브, 진저, 프랑킨센스, 파촐울리, 로즈, 샌달우드, 스위스 파인, 코리안더, 너트머그, 베티버, 일랑일랑

6. 아로마테라피의 역 반응

1) 광독성(광감성)

정유 자체는 독성을 가지고 있지는 않지만, 자외선에 노출되었을 때 피부에 색소침착 등의 트러블을 가져오는 현상을 말한다. 주의해야 할 정유의 종류로는 버가못, 라임, 레몬, 안젤리카, 오렌지 등이 있다.

2) 피부자극성

피부에 매우 빠르게 붉어짐, 가려움, 부르틈 등의 알레르기 반응을 보인다. 오일의 종류로는 시나몬, 크로브, 펜넬, 오레가노, 타임 등을 들 수 있다.

3) 피부 민감성

피부자극으로서 발진, 큰 반점, 가벼운 수포성 등의 반응을 포함하며 발전할 수 있다. 종유의 종류로는 레몬그래스, 메이창, 멜리사, 미르, 일랑일랑 등이 있다.

4) 알레르기 반응

정유 또는 캐리어 오일이 알레르겐으로서 작용하는 것을 말한다. 예를 들면 윗점, 아보카도, 피넛 오일, 아몬드 오일 등이 있으며 정유로는 레몬, 버가못, 탄저린, 라임, 만다린, 네로리, 페티그레인 등이 있다.

7. 아로마테라피의 역 반응 대처법

아로마테라피 시 역반응이 나타날 경우에는 아래 방법 중 한 가지를 활용하여 대처할 수 있다. 이것은 피부표면에서 오일을 제거하기 위한 방법이다.

① 무향비누를 사용해 부드럽게 씻은 후 미지근한 물로 여러 번 헹구어낸다.
② 직사광선을 피하여 공기에 여러 시간을 노출시킨다. 이것은 오일의 증발을 촉진시킨다.
③ 캐리어 오일을 여러 번에 나누어 덧 발라준다. 이것은 에센셜 오일을 순화시킨다.
④ 순한 타입의 부신피질 호르몬제를 의학 표준치에 맞게 바른다.

정리하기

에센셜 오일의 화학적 성분을 분류하고 어떠한 약리적 효과가 있는지를 설명하시오.

정유의 향을 분류하는 3가지 방법과 이에 속하는 정유의 예 3가지를 기술하시오.

에센셜 오일의 인체 흡수 경로에 따른 작용원리에 관해 그 종류를 분류하여 설명하시오.

CHAPTER 3

아로마테라피를 위한 식물 & 정유학

학습목표

식물의 캐모타입이란 무엇인지에 관해 알 수 있으며, 에센셜 오일의 질을 평가하는 방법에 관해 설명할 수 있다.

정유의 여러 종류에 대한 특성과 효과에 관해 알 수 있다.

캐리어 오일의 종류에 따른 특성과 효과를 설명할 수 있다.

Aroma Therapy

1. 식물의 캐모타입

캐모타입이란 식물의 종은 같으나 그 화학적 구성이 다른 두개의 에센셜 오일이 동일한 식물에서 각각 추출될 수 있는 것을 말한다. 이러한 식물들은 천연의 에센셜 오일에서 다른 것을 더하지도 빼지도 않은 것으로 식물이 자란 지역, 기후, 계절과 토양에 따라 다양한 화학적 조성(예: 로즈마리)이 생기는 것이다(그림 3-1).

2. 식물의 명명법

아로마테라피에 사용되는 식물의 이름들은 라틴어를 기초한 영어식의 이름으로 나타낸다고 한다. 식물의 이름들은 전 세계적으로 표준이며 두 부분으로 되어 있다. 첫째 부분이 '속'을 나타내며 항상 대표적으로 사용된다. 두 번째 부분은 '종'을 나타내나 쓰임이 적다. 이 두 가지 모두 이태리체로 글자를 약간 눕혀 사용한다. 즉, *유칼리튜스(eucalyptus)*(속), *글로블루스(globulus)*(종)라고 불린다.

아로마테라피 시 사용되는 유칼립투스는 한 종류이나 각각의 종은 다른 성질을 가지고 있다. 예를 들어, 산화물과 케톤을 다량 갖고 있는 유칼립투스, 글로블루스는 코막힘, 감기로 고생하는 성인에게 좋은 오일이다. 또한 유칼립스 스미티는 산화물은 가지고 있으나 캐톤이 없어 감기에 걸려 있는 어린아이에게 사용하기에 더욱 안정한 오일이다. 그리고 유칼리투스 시트리오도라는 오일은 알데히드를 다량 함유하고 있어 감기증상에는 사용되지 않으나, 곤충퇴치에 사용되는 오일이다.

그림 3-1 아로마 식물

3. 에센셜 오일의 질 평가

1) 액체 가스 크로마토그래피

에센셜 오일은 천연상태의 질이 좋은 것을 공급받는 것이 중요하며 보통 액체 가스 크로마토그래피로 테스팅을 거친다. 액체 가스 크로마토그래피는 혼합물의 성분을 분리하는 방법으로 에센셜 오일의 화학적 구성 성분을 보여줄 수 있다.

2) 증발종이 활용법

에센셜 오일을 종이 위에 떨어뜨렸을 때 완전히 증발되어 오일의 흔적이 남지 않으면 질이 높은 오일로 봐도 무관하지만, 오일의 얼룩이 남았다면 다른 식물성 오일에 혼합되었다는 것을 의미함으로 한다.

4. 섞음질

질이 좋은 오일을 구입하는 것이 무엇보다도 중요하다. 왜냐하면 인간의 코로 향을 맡아 오일을 구별하기란 한계가 있기에 섞음질이 잘 된 오일을 구분하기란 쉽지 않다. 섞음질에는 여러 가지 방법이 있다. 에센셜 오일의 외관과 향이 비슷하고 자극적인 합성화합물질을 첨가하거나 아니면 값비싼 오일에 향이 비슷한 값싼 오일을 섞음질하여 고가의 가격을 매겨 판매하는 경우도 있기 때문이다. 섞음질이 가능한 오일로는 네롤리 대신 페디그레인, 로즈오토 혹은 로즈마록 대신 가격이 비교적 저렴하고 향이나 효과가 비슷한 팔마로사를, 샌달우드 대신 세다우드를, 멜리사 대신 레몬글래스로 대처할 수 있다.

5. 에션셜 오일의 종류

바질Basil

개요

- 학　　명 : *Ociimum basilicum*
- 원 산 지 : 프랑스
- 과　　명 : 꿀풀과(lamiaceae)
- 추출부위 : 꽃, 잎
- 추출방법 : 수증기 증류법
- 노　　트 : 탑(top) 노트
- 특　　성 : 단맛을 가진 스파이스 향기

화학성분

알코올	50%	옥사이드	45%
페놀, 에테르	25%	모노테르펜	15%
에스테르	3%	세스퀴테르펜	1%
기타	2%		

임상적 특성

- **인체에 미치는 효과**
  - 집중력을 높이는 정유로 유명하며 신경강장작용이 강하다.
  - 두통, 편두통, 스트레스로 인한 알레르기 증상의 억제, 코 막힘, 천식, 기관지염, 감기, 백일해에 유효하고 후각회복에 사용되기도 한다.
  - 살균, 소독작용이 있고 대장, 소장, 신장의 정화와 피로회복, 근육통 완화에 도움이 된다.
- **피부에 미치는 효과**
  - 피부소생작용, 여드름피부 개선, 벌레물린 곳에 효과가 있다.

주요작용

- 강장, 거담, 구풍, 구충, 해열, 건위(소화촉진)
- 진경, 건강회복, 항우울, 항신경 장애
- 유즙 분비, 항 간염, 항균, 살균, 소독
- 자극, 두뇌 명석, 진통완화, 통경작용 등

주의사항

- 과다한 사용은 마비작용을 유발한다.
- 통경작용을 가지므로 임신 중 사용은 금지해야 한다.
- 민감성 피부에도 민감한 편이므로 사용에 주의한다.

버가못 Bergamot

개요

- 학　　명 : *Citrus bergamia*
- 원 산 지 : 열대아시아, 이탈리아
- 과　　명 : 운향과(rutaceae)
- 추출부위 : 과일껍질
- 추출방법 : 압착법
- 노　　트 : 탑(top) 노트
- 특　　성 : 오렌지와 레몬향이 어우러진 달면서도 신선한 향기

화학성분

- 에스테르 40%
- 알코올 18%
- 알데하이드 1%
- 모노테르펜 30%
- 락톤/코우마린 5%
- 기타 5.5%

임상적 특성

- **인체에 미치는 효과**
  - 불안과 긴장을 풀어주는 진정작용과 고양작용의 밸런스가 뛰어난 정유이다.
  - 살균소독 효과가 있어 감염증과 염증, 비뇨기계(방광염)에 좋다.
  - 소화불량, 가스, 식용상실에 유효하며 기생충의 구제와 담석을 감소시키는 작용을 한다.
  - 호흡순환기계 장애 개선, 입 주위 단순포진, 대상포진에 효과가 있다.
- **피부에 미치는 효과**
  - 지성피부에 좋고, 습진, 건선, 여드름, 포진, 지루성 피부, 두피, 피부궤양 개선 효과가 있다.

주요작용

- 강장, 강심, 거담, 구풍, 구충, 해열, 건위(소화촉진)
- 진경, 항우울, 살충, 해독
- 진정, 진통완화, 항염증, 항바이러스
- 세포재생, 면역 활성화 작용 등

주의사항

- 버가모텐 성분이 함유되어 광독성을 가지고 있으므로 사용 후에는 직사광선을 피하는 것이 좋다.

클라리 세이지 Clary sagy

개요

- 학　　명 : *Salvia sclarea*
- 원 산 지 : 프랑스, 러시아
- 과　　명 : 꿀풀과(lamiaceae)
- 추출부위 : 잎과 꽃이 핀 선단부분
- 추출방법 : 수증기 증류법
- 노　　트 : 탑/미들(top/middle) 노트
- 특　　성 : 들기름 맛을 지닌 허브 향기

화학성분

- 에스테르 70%
- 세스퀴테르펜 4%
- 옥사이드 1%
- 알코올 20%
- 모노테르펜 2%
- 기타 3%

임상적 특성

- **인체에 미치는 효과**
  - 신경의 피로회복제로 행복감을 느끼게 하는 작용을 한다.
  - 호르몬 벨런스를 조절하는 작용과 자궁강장작용이 있어 생리를 정상화시키는 작용과 PMS를 가볍게 하고 긴장완화와 하복부 경련을 감소시켜 준다.
  - 남성과 여성 모두에게 생식능력을 높여주고, 강장제 역할과 몸에 활력을 준다.
- **피부에 미치는 효과**
  - 세포재생 효과, 두발 성장 촉진, 비듬 제거, 염증 완화, 부음 피부에 효과가 있다.

주요작용

- 강장, 구풍, 호르몬 조절, 항우울, 항 경련, 항 신경장애
- 최음, 자궁강장, 통경, 분만촉진
- 진정, 진경, 건위, 소염
- 소독, 강작작용 등

주의사항

- 진정작용이 강하여 집중력이 약해질 수 있으므로 사용 후, 운전이나 시험 등을 피한다.
- 음주 전·후 사용은 두통, 구토를 일으킬 수 있어 주의해야 한다.
- 간질체질이나 임신 중에는 사용을 금한다.

사이프러스Cypress

개요

- 학　　명 : *Cupressus sempervirens*
- 원 산 지 : **프랑스, 독일**
- 과　　명 : **측백나무과(cupressaceae)**
- 추출부위 : **잎과 가는 가지**
- 추출방법 : **수증기 증류법**
- 노　　트 : **미들/베이스(middle/base) 노트**
- 특　　성 : **가벼운 스파이스향과 목재의 향이 섞인 시원한 향기**

화학성분

- 옥사이드 75%
- 알코올 5%
- 케톤 1%
- 모노테르펜 10%
- 세스퀴테르펜 5%
- 기타 3%

임상적 특성

- **인체에 미치는 효과**
  - 과다한 체액 밸런스 조정 작용이 있어 부종, 출혈 과다, 과도한 월경, 발한 과다, 요실금 등에 유효하며 셀룰라이트 개선 효과가 좋다.
  - 혈관 강화작용으로 정맥류와 치질의 개선 등 순환기계의 강장작용이 있다.
  - 호르몬밸런스를 조정하여 PMS 완화, 갱년기 장애 개선, 난소기능 부진 정상화, 생리통 경감 등의 역할을 한다.
- **피부에 미치는 효과**
  - 피부 수분의 과다상실을 억제하므로 노화피부와 지성피부에 효과적이다.
  - 세포 재생, 수렴작용을 가진다.

주요작용

- 강장, 순환기계 조정, 해열, 건강회복
- 이뇨, 항균, 체액정대 해소
- 진해(기침, 호흡기계), 수렴, 소독, 제간
- 진경, 진정, 세포재생 작용 등

주의사항

- 임신 중 사용은 피한다.
- 피부에 자극성을 가지므로 민감성 피부는 주의하여 사용한다.

유칼립투스 Eucalyptus

개요

- 학　　명 : *Cupressus sempervirens*
- 원 산 지 : 호주
- 과　　명 : 도금양과(myrtaceae)
- 추출부위 : 잎
- 추출방법 : 수증기 증류법
- 노　　트 : 탑(top) 노트
- 특　　성 : 선명하고 날카로워 뇌에 선명히 스미는 향기

화학성분

• 옥사이드	75%	• 모노테르펜	10%
• 세스퀴테르펜	5%	• 에스테르	1%
• 케톤	1%	• 기타	3%

임상적 특성

- **인체에 미치는 효과**
  - 기분을 상쾌하게 하며 두뇌명석과 집중력을 높이는 특성을 갖는다.
  - 호흡기계에 염증을 완화시키며 감기, 인후감염증, 기침, 가래증상, 천식, 코 막힘 해소에 유효하다.
  - 편두통, 설사, 장티푸스, 말라리아, 수두에 유효하다.
  - 근육통 전반, 신경통, 굳어지는 관절 개선에 도움이 되며, 벌레 물린 곳에 해독작용을 한다.
- **피부에 미치는 효과**
  - 창상, 궤양, 염증 등으로 인한 세균 증식 및 고름의 형성을 억제한다.
  - 새로운 세포조직 형성에 도움이 된다.

주요작용

- 항균, 살균, 소염, 진통, 해열, 거담
- 면역 강장, 정혈, 이뇨
- 자극, 인적, 세포재생
- 비 점액 배출작용 등

주의사항

- 간질체질, 고혈압, 임신 중 사용은 피한다.

펜넬 Fennel

개요

- 학　　명 : *Foeniculum vulgare*
- 원 산 지 : 지중해
- 과　　명 : 산형과(umbelliferae)
- 추출부위 : 씨
- 추출방법 : 수증기 증류법
- 노　　트 : 미들(middle) 노트
- 특　　성 : 꽃 향을 느끼게 하는 허브계의 스파이스 향기

화학성분

- 페놀/에테르 62%
- 케톤 5%
- 알코올 3%
- 모노테르펜 24%
- 옥사이드 3%
- 기타 3%

임상적 특성

- **인체에 미치는 효과**
  - 역경을 이길 수 있는 용기를 주는 정유라 한다.
  - 몸의 정화작용을 가지고 있어 과식, 과음으로 인해 생긴 독소를 제거하며 체액정체로 인한 부종을 완화하고 긴장, 신장, 비장의 강장제로 알려져 있다.
  - 각종 트러블의 유효하며 신경성의 구토와 설사를 멈추게도 하고 여성 호르몬에 유사한 작용을 하여 PMS, 소량의 생리, 갱년기 장애에 큰 역할을 담당한다.
- **피부에 미치는 효과**
  - 피부의 정화
  - 강장효과가 있어서 주름생성을 억제해 준다.

주요작용

- 강장, 해독, 소화기계 기능조정, 자극, 유즙분비
- 소염, 거담, 이뇨, 발간
- 통경, 지방분해, 구풍, 진경, 체내정화
- 호르몬게 조정, 진정작용 등

주의사항

- 간질체질, 임신 중 사용은 피한다.
- 광독성과 피부자극성이 있어 피부염 유발 가능성이 있다.
- 신경독성이 있으므로 장기간 사용은 피하는 것이 좋다.

프랑킨센스Frankincense

개요

- 학　　명 : *Boswellia carteri*
- 원 산 지 : 중동지역, 동아프리카
- 과　　명 : 가람과(burseraceae)
- 추출부위 : 수지
- 추출방법 : 수증기 증류법
- 노　　트 : 베이스(base) 노트
- 특　　성 : 아침이슬 젖은 목장의 향기

화학성분

- 에스테르 56%
- 모노테르펜 40%
- 기타 4%

임상적 특성

- **인체에 미치는 효과**
  - 호흡을 온화하게 하여 마음의 건강을 회복시키는 정유이다.
  - 불안, 강박관념으로부터 해방시켜 마음을 위로하고 소생시키는 작용을 한다.
  - 폐를 정화하는 효과를 가지고 있어서 천식, 기침, 기관지염, 인후통을 완화한다.
  - 비뇨기계에도 유효한 작용이 있어 방광염, 신염, 성기감염증 등에 좋다.
- **피부에 미치는 효과**
  - 피부의 강장제로서 노화피부에 활성화, 주름해소, 수렴작용, 피지 분비 밸런스 조정 작용으로 알려져 있다.
  - 창상, 피부 늘어짐, 염증에 유효하다.

주요작용

- 진정, 강장, 항우울, 조직세포 재생 및 활성
- 항균, 소독, 수렴, 거담, 진통
- 면역, 자궁강장, 소화기계 조정
- 이뇨작용 등

주의사항

- 간질체질, 임신 중 사용은 피한다.

제라륨 Geranium

개요

- 학　　명 : *Pelargonium graveolens*
- 원 산 지 : 중국, 이집트
- 과　　명 : 쥐손이풀과(geraniaceae)
- 추출부위 : 잎, 꽃
- 추출방법 : 수증기 증류법
- 노　　트 : 미들(middle) 노트
- 특　　성 : 꽃향과 잎의 향이 조화된 달콤한 향기

화학성분

- 알코올 63%
- 케톤 7%
- 세스퀴테르펜 4%
- 옥사이드 2%
- 에스테르 15%
- 알데하이드 5%
- 모노테르펜 2%
- 기타 2%

임상적 특성

- **인체에 미치는 효과**
  - 몸과 마음의 밸런스 조정에 좋은 정유이다.
  - 신경계의 강장제로 정신을 밝게 고양시킨다.
  - 호르몬 기능을 정상화하여 PMS, 우울증, 갱년기 장애에 유익하다.
  - 간장과 신장의 강장작용 효과 및 몸의 독소배출을 돕는다.
  - 림프계를 자극하는 작용이 있어 체액순환을 좋게 하는 작용, 통증완화, 신경통 완화 등에 좋다.
- **피부에 미치는 효과**
  - 피지분비 밸런스 조정 작용으로 모든 피부타입에 적합하다.
  - 습진, 화상, 대상포진, 백선 등과 대사불량피부, 지성피부 개선에 효과가 있다.

주요작용

- 진정, 진통, 항균, 항 진균, 소염, 수렴, 강장
- 면역력 강화, 혈당치 저하, 항우울
- 세포성장 촉진, 소독, 피부여화
- 이뇨작용 등

주의사항

- 자극작용이 있으므로 민감 피부는 주의하여 사용해야 한다.
- 호르몬계에 영향을 끼치는 정유로 임신 중에는 사용을 피한다.

저먼카모마일German chamomile

개요

- 학　　명 : *Matricaria recutica*
- 원 산 지 : 독일
- 과　　명 : 국화과(compositae)
- 추출부위 : 꽃
- 추출방법 : 수증기 증류법
- 노　　트 : 미들(middle) 노트
- 특　　성 : 씁쓸한 사과 향과 꽃 향이 교차되는 향기

화학성분

- 옥사이드 35%
- 알코올 20%
- 기타 9%
- 세스퀴테르펜 35%
- 모노테르펜 1%

임상적 특성

- **인체에 미치는 효과**
  - 불안, 긴장, 분노, 공포를 온화 진정시키는 힘이 강해서 불면증 해소에 사용하기도 한다.
  - 항염 작용이 있어 습진, 두드러기, 가려움, 알레르기 증상에 유효하며 신경통, 편두통, 류머티즘, 생리통 등의 통증완화에 널리 사용된다.
  - 소화기계에도 좋은 효과를 발휘하여 위장 및 간장 장애의 개선 역할을 한다.
- **피부에 미치는 효과**
  - 피부염, 여드름피부, 과민성피부, 알레르기성 피부 증상의 완화를 도모할 수 있다.
  - 피부조직을 강하게 하므로 피부에 탄력성을 부여하는 역할을 한다.

주요작용

- 진정, 진통, 진경, 통경
- 항염증, 항알레르기, 구풍, 해열
- 소염, 소화촉진, 세포재생
- 피부연화 작용 등

주의사항

- 통경작용이 있으므로 임신 중 사용을 피한다.

진저Ginger

개요

- 학　　명 : *Zingiber officinale*
- 원 산 지 : 중국
- 과　　명 : 뿌리(zingiberaceae)
- 추출부위 : 꽃
- 추출방법 : 수증기 증류법
- 노　　트 : 베이스(base) 노트
- 특　　성 : 진한 흙냄새를 연상시키는 스파이스향기

화학성분

세스퀴테르펜	55%	모노테르펜	20%
알코올	20%	알데하이드	5%
에스테르	2%	케톤	2%
옥사이드	1%	기타	5%

임상적 특성

- **인체에 미치는 효과**
  - 정서를 부드럽게 하여 정신적 피로회복에 좋은 역할을 한다.
  - 기억력을 높이고 활력을 주는 정유이다.
  - 감기에 유효하여 콧물, 인후통, 발열작용의 완화, 해열작용에 도움을 준다.
  - 소화기계 강장작용으로 식욕상실, 소화불량, 설사, 구토, 숙취, 멀미에 효과가 있다.
  - 정맥류 호전과 정력 증진에도 도움을 준다.
- **피부에 미치는 효과**
  - 타박상 피부 치료에 효과적이다.

주요작용

- 인적, 강장, 거담, 구풍
- 건위, 해열, 최음, 자극
- 소독, 진경, 진통
- 발한작용 등

주의사항

- 약하지만 광독성을 가지고 있어 사용 시 주의해야 한다.
- 피부자극 작용이 있으므로 주의해야 한다.

그레이프프루트 Grapefruit

개요

- 학　　명 : *Citrus paradisi*
- 원 산 지 : 독일
- 과　　명 : 이스라엘, 미국, 호주
- 추출부위 : 운향과(rutaceae)
- 추출방법 : 압착법
- 노　　트 : 탑(top) 노트
- 특　　성 : 오렌지와 레몬 중간의 달고 상쾌한 향기

화학성분

- 모노테르펜 95%
- 알코올 1%
- 기타 2%
- 알데하이드 1.5%
- 에스테르 0.5%

임상적 특성

- **인체에 미치는 효과**
  - 중추신경계의 밸런스 조정역할로 조울증 증상완화, 행복감 부여, 최면효과 기대 등에 좋다.
  - 수분조절, 체액유동화 과정 조정, 림프기능 활성화 작용으로 셀룰라이트에 큰 역할을 한다.
  - 체지방 분해를 촉진시키고 호르몬 분비 조정으로 다이어트의 재료로 주목받고 있다.
  - 용해특성을 가지므로 담석제거와 간장의 강장제로 신장과 맥관계의 정화작용을 한다.
  - 피로회복과 두통완화에 효과가 있다.
- **피부에 미치는 효과**
  - 셀룰라이트 해소에 도움을 준다.
  - 여드름피부와 지성피부에 유효하다.

주요작용

- 진정, 진통, 진경, 통경
- 항염증, 항알레르기, 구풍, 해열
- 소염, 소화촉진, 세포재생
- 피부연화 작용 등

주의사항

- 피부자극의 우려와 광독성이 알려져 있다.

쟈스민 Jasmine

개요

- 학　　명 : *Jasminium grandiflorum, Jasminum officinal*
- 원 산 지 : 프랑스, 이집트, 이탈리아, 모로코
- 과　　명 : 물푸레나무과(oleaceae)
- 추출부위 : 꽃
- 추출방법 : 용제추출법
- 노　　트 : 미들/베이스(middle/base) 노트
- 특　　성 : 달며 이국적인 향

화학성분

성분	함량	성분	함량
에스테르	54%	알코올	24%
페놀, 에테르	3%	케톤	3%
기타	16%		

임상적 특성

- **인체에 미치는 효과**
  - 피로에 지친 마음을 풀어주며 자신감을 회복시켜준다.
  - 생리통, 질 감염증에 유익하고 자궁수축작용이 강하여 분만촉진과 출산에 효과적이다.
  - 정자 수를 증가시키는 작용으로 불임증 개선에 효과가 있다.
  - 호흡기계에 유효하여 기관지의 긴장을 풀며 목이 아플 때 진정시키는 작용을 한다.
  - 호르몬 밸런스 조정 작용으로 산후 우울증에 효력이 있다.
- **피부에 미치는 효과**
  - 피부염, 여드름피부, 과민성피부, 알레르기성피부 증상의 완화를 도모할 수 있다.
  - 피부조직을 강하게 하므로 피부에 탄력성을 부여하는 역할을 한다.

주요작용

- 항우울, 정신고양, 신경 밸런스 회복
- 최음, 최유, 자궁강장, 분만촉진
- 호르몬분비 조정, 통경, 진정
- 강장작용 등

주의사항

- 임신 중 사용은 피한다.
- 집중력을 약화시키는 작용을 한다.
- 방향력이 강하므로 사용량에 주의를 기울여야 한다.

쥬니퍼베리 Juniper berry

개요

- 학　　명 : *Juniperus communis*
- 원 산 지 : 헝가리, 프랑스, 이탈리아
- 과　　명 : 측백나무과(cupressaceae)
- 추출부위 : 열매
- 추출방법 : 수증기 증류법
- 노　　트 : 미들(middle) 노트
- 특　　성 : 목재와 감귤류의 향이 조화된 산림향

화학성분

- 모노테르펜 80%
- 세스퀴테르펜 6%
- 알코올 5%
- 기타 9%

임상적 특성

- **인체에 미치는 효과**
  - 몸과 마음의 정화 및 공기정화의 정유로 유명하다.
  - 혈액을 정화시켜 독소를 배출시키는 체내해독 특성이 있다.
  - 비뇨생식기 살균, 방광염, 배뇨곤란, 신장결석에 유효하다.
  - 체액정류를 정상화시키므로 셀룰라이트, 부종, 통풍, 치질에 좋다고 알려져 있다.
  - 소화기계의 기능을 정상화시키는 작용을 가지므로 비만해소에 효과가 있다.
- **피부에 미치는 효과**
  - 지성피부, 여드름, 피부염
  - 건선, 습진

주요작용

- 강장, 해독, 정혈
- 막힌 모공 정화

주의사항

- 신장자극작용이 있으므로 신장 질병 시 조심해야 한다.
- 임신 중에는 피하여야한다.

라벤더 Lavender

개요

- 학　　명 : *Lavandula angustifolia, L. angustifolia/L. vera*
- 원 산 지 : 프랑스, 호주, 스페인, 영국, 지중해 지역
- 과　　명 : 꿀풀과(lamiaceae)
- 추출부위 : 꽃이 핀 선단부분
- 추출방법 : 수증기 증류법
- 노　　트 : 미들(middle) 노트
- 특　　성 : 꽃과 풀의 향이 어우러진 선명한 향기

화학성분

- 에스테르 45%
- 세스퀴테르펜 5%
- 케톤 4%
- 옥사이드 2%
- 알코올 36%
- 모노테르펜 4%
- 알데하이드 2%
- 기타 2%

임상적 특성

- **인체에 미치는 효과**
  - 안정성이 뛰어난 정유로 어린이에서 어른에 이르기까지 사용 가능한 정유이다.
  - 중추신경계의 밸런스 조정 작용이 있어서 저 농도의 사용 시에는 진정작용, 고농도 사용 시에는 자극 및 강장의 효능을 가진다.
  - 피로회복, 정신정화, 불면증에 효과가 있다.
  - 기관지염, 감기, 염좌, 근육통, 생리통 등의 통증 완화에 효과적이다.
- **피부에 미치는 효과**
  - 세포생성 촉진작용과 피지분비 밸런스 조정효과를 가지므로 모든 피부에 적합하다.
  - 화상, 여드름, 습진, 건선

주요작용

- 항균, 소염, 소독, 항바이러스
- 진통, 통경

주의사항

- 가벼운 통경작용이 있으므로 임신 중에는 피한다.

레몬 Lemon

개요

- 학　　명 : *Citrus limon*
- 원 산 지 : 유럽
- 과　　명 : 운향과(rutaceae)
- 추출부위 : 과일의 내피
- 추출방법 : 압착법
- 노　　트 : 탑(top) 노트
- 특　　성 : 신선하고 달콤한 감귤의 향기

화학성분

모노테르펜	90%	알데하이드	3%
세스퀴테르펜	2.5%	알코올	2%
에스테르	1.5%	기타	1%

임상적 특성

- **인체에 미치는 효과**
  - 기분을 새롭게 하고 집중력을 높이고 싶을 때 적절한 정유이다.
  - 비타민 C 함유량이 높아서 열을 동반한 감기나 감염증에 효과가 좋다.
  - 소화기계 기능을 향상시켜 변비해소, 체액분비를 돕기도 한다.
  - 두통, 편두통, 신경통, 류머티즘, 관절염의 통증 완화에 효과적이다.
- **피부에 미치는 효과**
  - 레몬의 미백작용은 유명하여 기미, 주근깨에 유효하다.
  - 지성피부, 여드름피부, 국소지혈작용

주요작용

- 강장, 혈액순환 개선, 수렴, 소독
- 혈압조정, 면역강장

주의사항

- 광독성이 있으므로 사용 후 일광을 피하도록 하며, 피부자극도 있으므로 민감 피부는 주의하여 사용한다.

레몬그래스 Lemongrass

개요

- 학 명 : *Cymbopogon citratus*
- 원 산 지 : 아시아 열대지방, 서인도, 아프리카
- 과 명 : 화본과(gramineae)
- 추출부위 : 잎
- 추출방법 : 수증기 증류법
- 노 트 : 탑(top) 노트
- 특 성 : 신선한 레몬 향에 닮은 풀 향기

화학성분

알데하이드	80%	모노테르펜	15%
알코올	1%	세스퀴테르펜	1%
케톤	0.5%	기타	2.5%

임상적 특성

- **인체에 미치는 효과**
  - 스트레스를 해소하여 에너지의 충전을 원할 때에 적절한 정유이다.
  - 강한 소독작용을 가지므로 호흡기 감염증에 효과적이다.
  - 순환계를 자극하는 효과로 근육의 젖산을 제거하여 근육통을 완화시키고 피로를 해소한다.
  - 벌레퇴치와 냄새제거에 유효하다.
- **피부에 미치는 효과**
  - 지성피부, 무좀, 백선

주요작용

- 강장, 항진균, 항감염증
- 항바이러스, 살균, 소독

주의사항

- 임신 중과 민감피부에 사용은 피한다.

마조람Marjoram

개요

- 학　　명 : *Orignum marjorana L*
- 원 산 지 : 이집트, 헝가리
- 과　　명 : 꿀풀과(lamiaceae)
- 추출부위 : 잎, 꽃이 핀 선단부분
- 추출방법 : 수증기 증류법
- 노　　트 : 미들(middle) 노트
- 특　　성 : 따뜻한 단맛을 지닌 스파이스 향기

화학성분

- 모노테르펜 90%
- 에스테르 1%
- 기타 3%
- 알코올 5%
- 알데하이드 1%

임상적 특성

- **인체에 미치는 효과**
  - 히스테리와 패닉상태를 진정시키고 불안과 스트레스 및 고독감을 해소하여 이완시킨다.
  - 순환기계에 좋은 정유로 동맥과 모세혈관을 확장시켜 혈류를 원활하게 하여 근육통, 소화장해, 생리 트러블, 냉증 등에 좋다.
  - 두통, 편두통, 불면증, 감기, 천식에 좋은 정유로 알려져 있고, 성욕저하에 효과 있다.
- **피부에 미치는 효과**
  - 혈류를 원활히 하는 정유로 대사불량피부에 좋다.

주요작용

- 강장, 진통, 소화촉진
- 성욕저하, 혈압강하

주의사항

- 임신 중 민감 피부는 피한다.
- 장시간의 사용은 수면유도를 일으키므로 운전 등의 집중력을 필요로 할때는 사용을 피한다.

만다리Mandarin

개요

- 학　　명 : *Citrus reticulata*
- 원 산 지 : 브라질, 스페인, 이탈리아
- 과　　명 : 운향과(rutaceae)
- 추출부위 : 과일의 내피
- 추출방법 : 압착법
- 노　　트 : 탑(top) 노트
- 특　　성 : 희미한 쓴맛을 느끼게 하는 오렌지 향기

화학성분

- 모노테르펜 90%
- 에스테르 1%
- 기타 3%
- 알코올 5%
- 알데하이드 1%

임상적 특성

- **인체에 미치는 효과**
  - 온화하고 독성이 없는 정유로 어린이, 임산부 등도 안심하고 사용할 수 있다.
  - 기분을 상쾌하고 밝게 하는 향으로 불안, 고민, 스트레스 해소에 좋다.
  - 소화촉진 작용으로 식욕을 일으키며 간장을 자극하여 신진대사정상화를 일으킨다.
  - 담즙분비를 촉진시켜 지방분해를 돕는 역할을 한다.
- **피부에 미치는 효과**
  - 임신선, 반흔, 흔적의 개선
  - 주름완화와 예방

주요작용

- 강장, 진정, 항감염, 항우울
- 소화촉진, 간장 및 신장 기능 활성화

주의사항

- 약하지만 광독성을 가지므로 사용 후 일광을 피한다.

네놀리Neroli

개요

- 학　　명 : *citrus aurantium var. vulgaris*
- 원 산 지 : 이탈리아
- 과　　명 : 운향과(rutaceae)
- 추출부위 : 꽃
- 추출방법 : 수증기 증류법
- 노　　트 : 미들(middle) 노트
- 특　　성 : 씁쓰레함을 포함한 기품 있는 신선한 꽃향기

화학성분

• 알코올	40%	• 모노테르펜	35%
• 에스테르	14%	• 알데하이드	2%
• 케톤	0.5%	• 기타	8.5%

임상적 특성

- **인체에 미치는 효과**
  - 억압되고 침체된 마음을 해방시키는 뛰어난 효능을 가지고 있다.
  - 스트레스를 감소시키고 만성적 불안증과 우울증을 경감시킨다.
  - 교감신경계의 진정작용을 가지므로 불면증, 두통, 갱년기 우울증 해소에 좋다.
  - 진경작용이 있어서 설사에 유익하다.
- **피부에 미치는 효과**
  - 피부세포성장 촉진으로 피부의 탄력, 노화피부, 건조피부, 트러블 개선, 튼살에도 유효하다.

주요작용

- 진정, 항우울, 세포성장촉진
- 강장, 최음

주의사항

- 최면성, 릴랙스의 효과가 큰 정유로 집중력을 요할 때에는 사용을 피하는 것이 좋다.

오렌지 Orange

개요

- 학　　명 : *citrus sinensis, C. aurantium var. amara, C. vulgaris*
- 원 산 지 : 호주, 미국, 브라질
- 과　　명 : 운향과(Rutaceae)
- 추출부위 : 과일의 내피
- 추출방법 : 압착법
- 노　　트 : 탑(top) 노트
- 특　　성 : 상큼한 향을 지닌 과일향

화학성분

- 모노테르펜 85%
- 케톤 2%
- 기타 6%
- 알코올 5%
- 알데하이드 2%

임상적 특성

- **인체에 미치는 효과**
  - 스트레스, 우울한 기분을 건설적이고 밝은 기분으로 바꾸어 주는 정유이다.
  - 불안에 의한 불면증에 좋은 효과를 발휘하며 콜레스테롤 수치를 저하시킨다.
  - 콜라겐 형성을 도와 근육과 뼈를 강화시키는 역활을 한다.
  - 설사, 변비, 식욕부진을 개선하며 비타민 C의 흡수 도움으로 감염예방 효과가 있다.
- **피부에 미치는 효과**
  - 발한작용으로 피부로부터 독소와 노폐물 제거에 효과가 있다.
  - 건조피부, 주름, 피부염 개선에 유효하다.

주요작용

- 진정, 항우울, 소화촉진, 근육강화
- 강장, 해열작용, 혈액순환/림프순환

주의사항

- 광독성을 나타낼 우려가 있다.

패츄리 Patchuli

개요

- 학　　명 : *Pogostemon patchouli, Pogostemon cablin Benth*
- 원 산 지 : 말레이시아, 인도, 중국
- 과　　명 : 꿀풀과(lamiaceae)
- 추출부위 : 잎
- 추출방법 : 수증기 증류법
- 노　　트 : 베이스(base) 노트
- 특　　성 : 달콤한 먹의 향을 지닌 스파이스 향기

화학성분

- 세스퀴테르펜 50%
- 옥사이드 6%
- 모노테르펜 1%
- 알코올 33%
- 케톤 2%
- 기타 8%

임상적 특성

- **인체에 미치는 효과**
  - 무기력감을 해소하고 마음의 밸런스를 잡아 이해력을 높여 직면한 문제에 대한 객관적 사고를 높여준다.
  - 이뇨작용을 통한 체내 수분정체 해소와 식욕억제작용으로 다이어트에 이용된다.
  - 데오드란트 작용과 발한억제작용을 가진다.
- **피부에 미치는 효과**
  - 강력한 수렴작용으로 피부재생 효과가 있는 것으로 알려졌다.
  - 염증을 가라앉히고 거칠어져 갈라진 피부, 궤양, 여드름, 창상에 유효하다.

주요작용

- 강장, 세포 성장촉진, 수렴
- 데오드란트, 면역강장 작용, 소독

주의사항

- 저농도일 경우는 진정작용으로 고농도일 경우에는 자극효과를 나타낸다.

페퍼민트 Peppermint

개요

- 학　　명 : *Mentha piperita*
- 원 산 지 : **미국, 호주, 일본**
- 과　　명 : **꿀풀과(Lamiaceae)**
- 추출부위 : **잎, 꽃이 핀 선단부분**
- 추출방법 : **수증기 증류법**
- 노　　트 : **탑(top) 노트**
- 특　　성 : **청량감 있는 박하향기**

화학성분

- 알코올 42%
- 옥사이드 7%
- 모노테르펜 6%
- 캐톤 30%
- 세스퀴테르펜 6%
- 기타 3%

임상적 특성

- **인체에 미치는 효과**
  - 청량감 있는 박하 향은 정신적인 피로와 우울 해소에 큰 역할을 한다.
  - 두통, 치통, 신경통, 근육통을 경감시키는 역할을 한다.
  - 열을 내려 땀을 흘리게 하는 작용이 있어서 감기에 좋으며 천식, 기관지염, 기침, 코 막힘 등의 호흡기계 트러블에 효과가 있다.
  - 소화기계 조정 작용을 가지므로 식중독, 구토, 설사, 입 냄새 제거 역할도 한다.
- **피부에 미치는 효과**
  - 냉각 성질이 있어서 가려움, 염증, 썬탠 후 케어 등의 냉 습포에 사용된다.
  - 피부염, 백선, 소양증 개선에 유효하여 여드름피부, 지성피부 등에 사용된다.

주요작용

- 강장, 소화촉진, 수렴, 소독
- 해열, 거담

주의사항

- 피부점막 자극이 강하며 통경작용이 있으므로 임신 중 모유분비 억제의 우려가 있으므로 수유 중 사용은 피한다.

패티그레인 Petigrain

개요

- 학　　명 : *Citrus aurantium var. amara*
- 원 산 지 : 프랑스, 이탈리아
- 과　　명 : 운향과(rutaceae)
- 추출부위 : 잎, 가는 가지
- 추출방법 : 수증기 증류법
- 노　　트 : 미들(middle) 노트
- 특　　성 : 목재와 꽃 향이 혼재하는 청량감 있는 향기

화학성분

에스테르	55%	알코올	30%
모노테르펜	10%	기타	5%

임상적 특성

- **인체에 미치는 효과**
  - 네롤리와 닮은 효과를 가지는데 온화한 작용을 한다.
  - 패닉상태를 진정시키는 작용이 있으며 자신감을 갖게 하고 마음을 신선하게 한다.
  - 신경계 진정작용으로 심박의 증진, 불면증, 불안증을 해소시킨다.
  - 면역계를 자극하여 저항력을 높여 몸의 건강유지와 회복을 돕는다.
- **피부에 미치는 효과**
  - 피부강장 효과를 가지고 있어서 여드름과 같은 뾰루지, 부스럼 개선에 유효하다.

주요작용

- 신경강장, 항우울
- 데오드란트 작용, 진정

주의사항

- 패츄리 향은 독특하여 싫어 할 수도 있어 향 테스트 후 사용하는 것이 좋다.
- 지나친 양은 진경작용을 유발 할 수 있으므로 적당량 사용한다.

파인Pine

개요

- 학　　명 : *Pinus sylvestris*
- 원 산 지 : **북유럽, 미국**
- 과　　명 : **소나무과**(pinaceae)
- 추출부위 : **침엽(잎), 구과(열매)**
- 추출방법 : **수증기 증류법**
- 노　　트 : **미들**(middle) **노트**
- 특　　성 : **신선한 삼림 향기**

화학성분

- 모노테르펜 70%
- 세스퀴테르펜 5%
- 기타 15%
- 알데하이드 5%
- 에스테르 5%

임상적 특성

- **인체에 미치는 효과**
  - 마음이 착잡하고 우울할 때 마음을 정화시켜 소생하게 하는 역할을 한다.
  - 기관지염, 인후염, 코 막힘에 유효하며 방광염, 간염, 전립선 장애에 효과가 있다.
  - 혈액순환을 자극하여 몸을 따뜻하게 하므로 근육통, 통풍, 신경통, 결림에 좋은 효과가 기대된다.
- **피부에 미치는 효과**
  - 창상, 피부염증에 치유작용을 보이기도 한다.

주요작용

- 강장, 거담, 혈행 촉진
- 점액과다해소, 비 점액 배출

주의사항

- 피부자극이 강하므로 저농도로 주의하여 사용한다. 종류에 따라 독성을 갖기도 한다.

로만 카모마일Roman Chamomile

개요

- 학　　명 : *Anthemis nobilis*
- 원 산 지 : 이탈리아, 프랑스
- 과　　명 : 국화과(compositae)
- 추출부위 : 건조한 꽃
- 추출방법 : 수증기 증류법
- 노　　트 : 미들(middle) 노트
- 특　　성 : 과일 향과 꽃 향이 교차되는 씁쓸한 향기

화학성분

• 에스테르	75%	• 모노테르펜	5%
• 옥사이드	5%	• 알코올	5%
• 세스퀴테르펜	3%	• 케톤	3%
• 알데하이드	2%	• 기타	2%

임상적 특성

- **인체에 미치는 효과**
  - 인내력과 평화를 느끼게 하여 마음의 괴로움을 가볍게 해준다.
  - 불면증, 편두통, 류머티즘, 생리통, 불면증, 스트레스 해소에 좋다.
  - 소화기계에도 좋은 효과를 발휘하여 위, 장, 간장 장애를 개선하는 역할을 한다.
- **피부에 미치는 효과**
  - 습진, 두드러기, 부종경감, 피부탄력에 유효하다.

주요작용

- 진정, 소염, 항신경통
- 통경, 소화촉진

주의사항

- 통경작용이 있으므로 임신 중 사용은 피한다.

로즈 Rose

개요

- 학　　명 : *Rosa damascena/Rosa centifolia*
- 원 산 지 : 모로코, 불가리아, 터어키, 프랑스
- 과　　명 : 장미과(rosaceae)
- 추출부위 : 건조한 꽃
- 추출방법 : 수증기 증류법, 콘크리트와 앱솔루트
- 노　　트 : 미들(middle) 노트
- 특　　성 : 달고 우아한 꽃 향기

화학성분

성분	함량	성분	함량
알코올	60%	모노테르펜	20%
에스테르	4%	페놀, 에테르	1.5%
세스퀴테르펜	1%	알데하이드	0.5%
기타	1.3%		

임상적 특성

- **인체에 미치는 효과**
  - 불안과 스트레스를 풀어주며 마음을 밝고 온화하게 해준다.
  - 호르몬조정, 생리 전 증후군, 생리통, 모세혈관강화, 갱년기 증후군에 좋다.
  - 목의 통증을 완화시켜 기침을 진정시킨다.
- **피부에 미치는 효과**
  - 노화피부, 건조피부, 민감 피부에 유효하다.

주요작용

- 진정, 항우울, 최음, 살균
- 자궁강장, 이뇨작용, 수렴, 소염

주의사항

- 통경작용이 있으므로 임신 중의 사용을 금한다.

로즈마리 Rosemary

개요

- 학　　명 : *Rosmarinus officinalis*
- 원 산 지 : 지중해 지역, 알제리, 프랑스와 헝가리
- 과　　명 : 꿀풀과(lamiaceae)
- 추출부위 : 잎, 꽃이 핀 선단부분
- 추출방법 : 수증기 증류법
- 노　　트 : 미들(middle) 노트
- 특　　성 : 건강을 회복시키는 허브풍의 자극적

화학성분

- 모노테르펜 30%
- 케톤 25%
- 세스퀴테르펜 3%
- 기타 8%
- 옥사이드 30%
- 알코올 3%
- 에스테르 1%

임상적 특성

- **인체에 미치는 효과**
  - 몸과 마음에 활기를 주며 머리를 상쾌하게 하여 활력을 주는 정유이다.
  - 혈행을 촉진시켜 근육통을 완화하며 감기, 천식, 만성기관지염에도 효과가 있다.
  - 소화촉진 작용이 있으며 이뇨작용이 있어서 체내의 수분량을 조절하여 비만해소에 도움이 된다.
- **피부에 미치는 효과**
  - 부종, 늘어진 피부, 비듬에 유효하다.

주요작용

- 두뇌명석, 이뇨, 수렴
- 항균, 항류마티즘

주의사항

- 자극성이 강하여 간질이나 고혈압 증상에 사용을 금하며, 통경작용이 있으므로 임신 중에는 피한다.

샌달우드 Sandalwood

개요

- 학　　명 : *Santalum album*
- 원 산 지 : 열대아시아, 인도의 미소라는 지역
- 과　　명 : 단향과(santalaceae)
- 추출부위 : 심계
- 추출방법 : 수증기 증류법
- 노　　트 : 베이스(base) 노트
- 특　　성 : 단맛이 있는 은은한 목재 향기

화학성분

알코올	80%	세스퀴테르펜	10%
산	2.5%	기타	7.5%

임상적 특성

- **인체에 미치는 효과**
  - 비뇨기계에 대한 정화작용, 항염증작용이 있어서 방광염에 좋다.
  - 최음작용이 있어 성적 장애를 개선한다.
  - 진정효과가 큰 정유로 평화스러운 마음과 넓은 마음으로 여러 가지 상황과 일을 자연스럽게 받아들일 수 있도록 돕는 작용이 있다.
- **피부에 미치는 효과**
  - 건조성피부, 수분부족피부, 노화피부, 여드름피부, 피부감염증

주요작용

- 거담, 소염, 소독, 진정
- 항감염, 최음, 이뇨, 피부연화

주의사항

- 강한 진정효과를 가지므로 우울할 때의 사용은 금한다.

티트리 Tea tree

개요

- 학　　명 : *Melaleuca alternifolia*
- 원 산 지 : 호주의 뉴사우스 웨일즈 지방
- 과　　명 : 도금양과(myrtaceae)
- 추출부위 : 잎
- 추출방법 : 수증기 증류법
- 노　　트 : 탑(top) 노트
- 특　　성 : 목재의 향과 레몬향이 섞인 청결함을 느끼게 하는 날카로운 향기

화학성분

- 알코올 45%
- 옥사이드 5%
- 기타 5%
- 모노테르펜 40%
- 세스퀴테르펜 5%

임상적 특성

- **인체에 미치는 효과**
  - 쇼크를 받은 마음을 소생시키는 힘이 있는 정유이다.
  - 면역계에 효과가 있어서 감염증에 강하며 백혈구를 활성화시켜 항바이러스, 항균, 살균, 소독 작용이 뛰어나다.
  - 감기 등으로 인하여 몸 상태가 좋지 않을 때 우수한 정화작용과 저항력으로 빠른 완쾌를 돕는다.
- **피부에 미치는 효과**
  - 원액 사용이 가능한 정유이다. 항 진균 작용으로 여드름, 무좀, 뾰루지, 단순포진에 유효한 정유이다.

주요작용

- 항바이러스, 항감염, 항진균,
- 살균, 소독

주의사항

- 민감한 부위의 자극제가 될 수 있으므로 주의한다.

일랑일랑Ylangylang

개요

- 학 명 : *Cananga odorata*
- 원 산 지 : 열대아시아, 필리핀, 인도네시아
- 과 명 : 아노나과(annonaceae)
- 추출부위 : 꽃
- 추출방법 : 수증기 증류법
- 노 트 : 미들 혹은 베이스 노트(middle or base)
- 특 성 : 남국의 정열적인 단맛이 베인 농후한 꽃향기

화학성분

- 세스퀴테르펜 40%
- 에스테르 15%
- 모노테르펜 0.5%
- 알코올 20%
- 페놀, 에테르 10%
- 기타 14.5%

임상적 특성

- **인체에 미치는 효과**
  - 신경을 느긋하게 하여 기쁨이나 즐거움의 감정을 준다.
  - 흥분상태, 노여움, 불안, 쇼크, 공포의 감정을 풀어주는 역할을 한다.
  - 스트레스로 인한 탈모증, 고혈압, 불면증에 유효하다.
  - 호르몬 발란스 조절과 최음 효과가 크기 때문에 성적장애 개선에 좋다.
- **피부에 미치는 효과**
  - 피지분비 밸런스를 좋게 하여 지성피부, 건성피부에 유효하다.

주요작용

- 호르몬 조절, 혈압하강, 최음
- 항우울

주의사항

- 과도한 양 사용은 두통, 구토를 유발할 우려가 있고 민감 피부는 자극의 우려가 있다.

학습하기

식물의 캐모타입이 무엇인지를 약술하시오.

오일 구입 시 질이 좋은 오일과 섞음질을 왜 구분 할 필요가 있는지에 관해 설명하고, 섞음질이 대체 가능한 오일 3종류를 요약 정리하시오.

하체 수분정체와 혈액순환이 잘 안되는 성인 여성의 전신관리에 효과적인 에센셜 오일의 향을 종류별로 분류해서 서술하시오.

6. 캐리어 오일

학습목표

캐리어 오일(carrier oil)의 종류에 따른 성분과 특성 및 효과에 관해 설명 할 수 있다.

Aroma Therapy

1) 캐리어 오일의 정의

"carrier" 란 말 그대로 이동시키는 도구의 의미로 정유를 인체에 침투시키기 위한 식물성 오일을 의미한다. Carrier oil, base oil, plain oil 또는 휘발하지 않기 때문에 fixed oil이라고도 불리운다.

식물의 견과, 꽃, 씨, 열매 등에서 추출되며 아로마테라피에서 사용하는 캐리어 오일은 같은 식물의 오일이라도 추출방법, 보관방법에 따라 그 효능이 다르다.

일반적으로 에센셜 오일은 몇몇 개의 오일을 제외하고는 우리 피부에 직접 바르거나 사용이 불가능하다. 그렇기에 캐리어 오일에 에센셜 오일(essential oil)을 희석시켜 사용하면 에센셜 오일을 안정적으로 인체에 흡수될 수 있도록 돕는다.

캐리어 오일은 분자가 커서 피부에 쉽게 침투하지 못하고 피부 표면층까지만 흡수되며 대부분의 캐리어 오일은 정제과정을 거치지 않아 영양이 풍부하기 때문에 에센셜 오일과 혼합하여 마사지 효과를 증대 할 수 있다는 장점이 있다.

베이비 오일이라 불리는 미네랄 오일을 사용해서는 안된다. 미네랄 오일은 석유 및 광물에서 정제한 오일로 가격이 매우 저렴하나, 피부침투가 용이하지 않아 모공을 막히게 하여 피부트러블의 원인이 될 수 있다.

고객의 피부가 예민한 경우 캐리어 오일 중 몇몇은 피부 알레르기를 유발할 수 있다. 그러므로 면봉에 몇 방울의 오일을 발라 고객의 귀 뒤쪽에 24시간 발라 붉어지거나 염증, 가려움 등의 피부자극이 있는지 알레르기 테스트를 하는 것이 필요하다.

2) 캐리어 오일의 성분과 특성

캐리어 오일은 필수지방산과 불포화 지방산이 섞여 있으며, 상온에서 거의 대부분이 액상으로 존재한다. 캐리어 오일은 천연의 글리세롤과 지방산(fatty acid)의 에스테르 화합물로서 단백질, 미네랄, 포도당 그리고 항산화 작용을 하는 비타민 A, E 등이 풍부한 오일이다.

아로마테라피 관리 시 사용되는 캐리어 오일은 불포화지방산과 필수지방산 등이 파괴되지 않도록 대부분 저온(50~60℃)에서 냉압착법으로 생산되며, 공기 중에 노출되면 쉽게 산화, 분해되므로 차갑게 보존해야 한다.

사용기간은 캐리어 오일에 따라 차이가 있으나, 뚜껑을 개봉하면 1년 이내에 사용해야 한다. 또한, 기본적으로 무향이며 피부에 친화력이 좋아야 하고, 각 증상 및 피부타입에 따라 선택하여 사용할 수 있으며 목적에 따라 2~3가지를 혼합하여 사용할 수도 있다.

3) 캐리어 오일의 효과

① 에센셜 오일의 피부 흡수를 도와준다.
② 에센셜 오일을 희석하여 안전하게 도와준다.
③ 에센셜 오일이 고르게 퍼지도록 도와준다.
④ 에센셜 오일의 증발율을 낮춰준다.

4) 캐리어 오일의 종류

(1) 조조바 오일Jojoba oil

조조바 오일 혹은 호호바 오일이라 불리는 엷은 노란색의 이 오일은 실제는 액상 왁스이다. 사막지대에서 3m(10feet)의 상록의 관목으로 남아메리카의 멕시코, 북아메리카의 아리조나와 캘리포니아에서 자란 신선한 열매로부터 냉각 압착하여 얻는다. 인체의 피지 성분과 매우 유사하여 피지를 용해시키기 때문에 여드름 피부에 효과적으로 사용되고 있다.

피부에 자연스럽게 수분을 유지해주는 성분인 비타민 E와 미네랄, 단백질이 풍부하며, 화학 구조상 다른 오일에 비해 높은 온도까지 가열해도 쉽게 산화되지 않으며 자극이 전혀 없어 항염증 작용 효과를 갖는다.

조조바 오일은 상온에서는 왁스상태이며, 냉장보관 시 고체화가 일어나고, 피부관리 및 모발 및 두피 관리에도 가장 효과적이다.

(2) 스위트 아몬드 오일Sweet almond oil

지중해 국가와 북아메리카의 캘리포니아에서 자란 스위트 아몬드나무의 견과에서 얻어지는 연한 노란색의 오일이다. 이 오일은 비타민 A, B, D, E 불포화 필수지방산이 들어있어 풍부한 영양을 공급하고, 피부를 보호하는 성분을 가지고 있으므로 거칠고 갈라지는 건성피부에 적당한 오일이다. 스위트 아몬드 오일은 피부를 부드럽고 탄력있게 해주는 오일로 피부에 빠르게 흡수되지 않아서 근육의 경직과 통증 시 마사지 오일로 많이 사용되고 있다. 또한 습진, 가려움, 염증, 따가운 피부를 진정시키며 건조한 피부와 헤어 트리트먼트 관리 시 효과적이나, 견과류 알레르기가 있는 대상자에게는 사용을 금한다.

(3) 그레이프시드 오일Grapeseed oil

오래전에는 프랑스산 포도 씨에서 추출한 오일을 사용하였으나 최근 스페인, 이탈리아, 북아메리카의 캘리포니아에서 생산된다. 그레이프시드 오일은 콜레스테롤이 없고 비타민 E와 F를 풍부하게 포함하고 있으므로 피부 자극이 적은 오일이다. 냄새가 없고, 피부에 쉽게 스며들어 질감이 가볍고 매우 부드러운 느낌으로 지성 피부마사지에 많이 활용되며 다른 오일에 비해 값이 싼 편이다.

(4) 윗점 오일Wheat germ oil

남아시아의 밀 배아 곡물류에서 얻은 오일로 다른 오일에 비해 비타민 E를 약 10% 정도 더 많이 함유하고 있어 건조한 피부에 보습효과를 제공하며 피부염을 완화시킨다. 또한, 운동 후 피로물질인 젖산에 의한 근육통 완화에 효과가 뛰어나다. 그리고 항산화 작용이 뛰어나 노화방지 및 세포재생효과가 크며, 자체 방부효과가 있어 보존제로도 적합하다.

윗점 오일은 주로 정제된 것을 사용한다. 왜냐하면 정제되지 않은 윗점 오일은 향이 매우 강하고 독특하기 때문이다. 윗점 오일 정제 시 순수 냉압착은 밀 배아 싹인 껍질에 의해 가능하지 않음으로 카렌둘라 오일처럼 마서레이션과 솔벤트 추출로 정제하여 사용한다.

(5) 마카다미아 너트 오일 Macadamia nut oil

마카다미아 나무는 오스트리아가 원산지로 아열대숲에서 자란 열매에서 얻어진 흰 크림색이거나 밝고 연한 핑크에 가까운 노란색의 오일로 자체 보존력을 갖는 오일이며, 이 오일은 피부 퍼짐성과 침투성이 우수하다. 인간의 피지에서 발견되는 palmitoleic acid와 필수지방산이 다량 함유되어 있어 재생력이 뛰어나고, 수분 보유력이 높아 갑자기 살이 찌거나 임신을 했을 때 피부 표면을 유연하게 늘어나도록 한다. 또한, 노화피부에 효과적이며 피부를 윤기 있게 하고 번들거림이 없고 부작용도 없다.

(6) 이브닝프라임 로즈 오일 Evening primrose oil

북아메리카가 원산지이지만, 현재는 지중해 및 영국의 달맞이꽃 씨앗에서 추출한 오일로서 불포화지방산인 감마리놀레닉산이 풍부하여 혈압을 내려주고, 콜레스테롤 수치를 줄여 주며 염증을 감소시키는 효과가 탁월하다. 또한 호르몬시스템에 영향을 주는 효소기능을 활성화시키기 때문에 생리통을 줄여주는 효과 뿐 아니라 항염증작용, 아토피성 피부, 건선, 습진, 세포재생효과, 월경 장애 등에도 매우 효과적이다. 이 오일은 산화가 쉽고 안정적이지 못하여 가격이 높기 때문에 일반 캐리어 오일 90%에 이브닝프라임 로즈 오일 10% 비율을 첨가하여 사용한다.

(7) 로즈힙 오일 Rosehip oil

비타민 A, B, C, E 성분과 필수 불포화 지방산 성분 함유로 세포 재생력이 뛰어나며, 주름 방지에 효과적이라 노화 재생관리에 많이 활용된다. 또한 썬번 및 수술 후 재생관리에 이용되나, 조조바 오일보다 대략 20~30% 더 비싸다는 단점이 있다.

(8) 카렌듈라 오일 Calendula oil

이 식물의 원산지는 지중해 지역이나 현재는 여러 지역에서 자라며 밝은 노란색 꽃에서 오렌지 빛깔의 꽃으로 메리골드라는 이름으로도 불리운다.

카렌듈라 오일은 꽃잎을 잘게 잘라 올리브 오일이나 선플라워 오일과 같은 오일에 담근 후 햇볕이 잘 드는 곳에 놓아 두어 오일을 추출하는 방법인 마서레이션(maceration)으로 추출하여 사용하므로 가격이 높아 다른 일반 캐리어 오일과 혼합하여 사용한다. 이 오일은 감마 리놀레익산(gamma linoleic acid)이 매우 풍부하여 건조하고 가려움이 심한 염증피부를 진정시키고, 가려움을 수반하는 모든 피부질환 등 손상된 피부와 민감한 피부에 적합하다. 또한, 정맥류를 개선하는데 효과가 있다.

(9) 세인트존스 워트 오일St johns wort oil

신경통, 특히 좌골신경통, 결합조직염과 같은 염증이 있는 신경을 진정시키는데 효과적이다. 히스테리, 우울증, 생리통, 위·장염, 불면증, 두통 치료제의 원료로 쓰이고 있다. 찰과상, 민감 피부, 알레르기, 멍든 부위에 바르고 뾰루지와 같은 면포, 치질 시(직접사용), 수렴작용과 항균·염증억제 작용 또한 뛰어나다.

(10) 아보카도Avocado Oil

아도카도 열매의 씨에서 추출한다. 점도가 비교적 높아 아보카도 오일로만 블랜딩을 하면 피부 끈적임이 높다. 그럼으로 그레이프시드 오일과 아몬드 오일 등과 희석하여 사용하며 10% 비율 이내를 아보카도 오일로 한다.

피부 보습에 탁월한 효능이 있어 건성피부, 민감성 피부, 노화피부 관리 시 효과적이다. 특히 비타민 A와 B, 레시틴이 함유되어 항산화 효과가 높다.

(11) 에프리코트 커넬 오일Apricot kernel oil

아몬드 오일과 비슷한 특성을 지니고 있어 전신바디관리 시 주로 활용한다. 에프리코트 열매 씨에서 추출한 오일로 불포화지방산이 다량 함유되어 있다. 특히 건성피부에 적당한 오일로 피부에 빠르게 흡수되지 않아 마사지 오일로 활용하기 적합하다.

(12) 보리지 오일Borage oil

온 압착 또는 용매추출물법에 의해 보리지 열매의 씨로부터 추출된다. 필수지방산이 풍부하여 노화피부를 위한 얼굴관리 및 건성피부 관리 시 효과적이다. 비타민 A, C, E가 풍부한 항산화 효과로 피부재생을 위해 사용한다. 단점으로는 가격이 비싼 편이므로 일반적인 캐리어 오일에 10% 이내로 희석하여 사용한다.

(13) 캐롯 시드 오일Carrot seed oil

당근 식물의 꽃씨에서 추출한 오일로 비타민 A와 필수지방산이 풍부하여 피부 재생에 적합하다.

(14) 코코넛 오일Coconut oil

코코아 열매 씨에서 얻은 오일로 매우 부드러우며, 촉촉한 성질로 로션과 크림을 굳히는데 첨가한다.

(15) 헤이즐넛 오일Hazelnut oil

피부흡수가 가장 좋은 오일로 약간의 향이 있다. 아몬드 오일과 1:1로 희석하여 피부미용에 많이 사용한다.

(16) 세서미 씨드 오일Sesame seed oil

은은한 향이 있는 필수지방산이 풍부한 오일로 매우 부드러운 오일이다. 참깨 씨를 볶지 않고 건조하여 말린 상태에서 냉 압착에 의해 추출한 것을 사용한다. 비타민과 무기질이 풍부하여 노화피부와 건성피부를 부드럽게 한다.

(17) 선플라워 씨드 오일Sunflower seed oil

선플라워 씨드 오일은 황금색 오일로 비타민 E와 필수지방산이 풍부한 오일로 세포재생효과와 민감하고 건조한 피부에 효과적이다. 보통은 아몬드오일이나 조바바 오일 등에 10% 이내의 비율로 희석하여 사용한다.

그림 3-2 캐리어 오일의 종류

정리하기

캐리어 오일이란 무엇인지 약술하시오.

노화나 건성 피부에 사용 할 수 있는 캐리어 오일을 선별하여, 그 성분과 특성 및 효과를 정리하시오.

일반 캐리어 오일에 10%를 사용하는 캐리어 오일 종류 5가지를 정리하고 이유를 설명하시오.

CHAPTER 4

에센셜 오일의 블랜딩

학습목표

아로마테라피 시 캐리어 오일에 블랜딩을 하여야 하는 이유를 설명할 수 있다.
블랜딩하는 방법과 목적에 관해 설명할 수 있다.
블랜딩의 효과와 주의사항에 관해 설명할 수 있다.

Aroma Therapy

1. 블랜딩의 정의

아로마테라피의 에센셜 오일은 단독 사용보다는 더 좋은 결과를 위하여 2~4가지를 혼합하여 사용하는 것이 좋다.

블랜딩(blending)이란 각각의 에센셜 오일을 조합하여 섞거나 캐리어 오일 등에 희석하는 것을 의미한다. 블랜딩은 각 고객의 바디컨디션 및 심신의 상태와 향의 선호도 등을 고려하여 이루어지고, 아로마테라피스트의 지식, 경험과 감각이 요구되므로 아로마테라피에서 가장 창의적이고 역동적인 기술(technique)이자 과학(science)이라고 할 수 있다. 그럼으로 다양한 고객에게 여러 가지 아로마 오일을 블랜딩 해 봄으로 많은 임상적 경험이 요구되는 전문가적인 영역이라고 볼 수 있다.

2. 블랜딩의 방법

블랜딩이란, 정유의 단독 사용은 피부를 자극할 수 있으므로 정유를 독성 없이 피부에 흡수가 용이하도록 피부로 운반하는 의미를 갖는 순식물성 오일로 정유를 베이스 오일에 희석하는 것을 블랜딩이라 한다.

블랜딩은 성인 전신마사지 시 캐리어 오일 15~20ml에 3%의 에센셜 오일을 희석하는 것이 기본이며, 얼굴이나 예민한 피부, 어린아이, 노인의 경우에는 1%를 희석하여 사용한다. 또한 얼굴관리 시는 캐리어 오일 5ml 정도가 필요하며, 1%의 농도로 희석하여 사용한다. 즉 캐리어오일 5ml는 100방울이며, 1ml는 20방울을 의미한다. 예를 들어 성인 전신관리 시 20ml의 캐리어 오일에 3%의 에센셜 오일을 희석할 경우, 에센셜 오일을 12방울 택한다(그림 4-1).

3. 블랜딩의 목적

블랜딩은 고객의 심신상태, 생활패턴 및 고객의 욕구, 향 선호도에 맞춰서 각 에센셜 오일의 특성, 상호작용 및 주의사항 등을 고려하여 최적의 효과를 낼 수 있도록 오일을 혼합하는 것이 그 목적이다. 블랜딩 시 일어나는 효과로는 시너지 효과(synergy effect)와 퀜칭 효과(quenching effect)가 있다.

1) 시너지

에센셜 오일을 효과적으로 블랜딩하면 각각의 에센셜 오일이 가진 효능의 합보다 더 많은 효능을 발휘할 수 있다. 이러한 현상을 시너지(synergy, 상승효과)라고 한다. 시너지 블랜딩을 하기 위해서는 관리하려는 증상 뿐 아니라, 그 증상이 나타나게 된 원인이 되는 심리적, 신체적, 정서적인 요인까지 염두에 두어야 하고, 오일에 대한 풍부한 지식과 적용방법 그리고 임상 경험까지 필요하다.

2) 퀜칭

순수 에센셜 오일의 경우, 그 다양한 구성 성분 중 한 두 가지의 잠재된 부작용을 다른 성분들이 억제시켜 발현치 못하게 하는 효과를 'quenching(억제)효과' 라고 한다. 이런 칭 효과 때문에 에센셜 오일에 미량의 위험한 독성 성분이 있다 해도, 주의사항을 지켜 2~4가지를 조합하여 블랜딩하면 인체에 안전하게 사용할 수 있다.

4. 블랜딩 적용 시 주의사항

① 에센셜 오일과 캐리어 오일을 적당하게 블랜딩하여 사용한다.

② 고객에게 먼저 팔 안쪽이나 귀 뒤쪽에 패치테스트를 해서 피부 알레르기 여부를 확인한다.

③ 에센셜 오일과 캐리어 오일의 용량을 정확히 지켜야 한다.

④ 감귤류와 같은 오일은 색소침착의 우려가 있는 감광성 오일이므로 낮 동안 관리 시에 주의해야 하며, 관리 후 2~4시간 이후 외출하는 것이 좋다.

⑤ 임산부나 고혈압, 간질 환자에게 사용해서는 안되는 오일은 주의해야 한다.

⑥ 3개월 미만의 어린아이에게는 사용해서는 안되며, 어린이에게 사용 가능한 오일을 선택해서 사용해야 한다.

⑦ 블랜딩한 오일은 갈색유리병에 있는 것을 사용하고, 직사광선이나 열, 빛이 있는 장소는 피한다.

⑧ 라벤더, 티트리를 제외한 정유를 단독으로 피부에 바르지 않도록 한다.

5. 블랜딩의 실제

1) 블랜딩의 순서

(1) 상담

대상자와의 상담을 통해 대상 증상과 그 원인이 심리적, 신체적, 정서적 상태를 파악하여 전인적인 요법을 시행한다.

(2) 적용증상과 적용방법

아로마테라피를 적용해야 할 증상이 여러 가지인 경우, 적용 할 증상의 우선순위를 정하고, 적용방법(마사지, 목욕, 흡입, 발향법 등)을 결정한다.

(3) 에센셜 오일 선택

각 증상에 해당되는 에센셜 오일을 선정한다. 각 에센셜 오일의 특성을 토대로 치료적 효능, 적용증, 주의사항, 화학성분, 향의 노트 등을 고려하여 3~5가지 에센셜 오일을 선정한다. 그리고 난 후에 탑, 미들, 베이스 노트의 균형을 감안하여, 총 세 가지 오일 내에서 선택한다.

(4) 향 테스트

사용하고자 하는 에센셜 오일의 향이 대상자에 맞는지 향을 테스트한다. 에센셜 오일을 모두 혼합하기 전에 고객에게 미리 전체적인 향을 테스트해야 한다. 왜냐하면 블랜딩 한 후에 향 느낌이 달라지거나, 너무 강한 향이 나올 수 있기 때문이다.

향 테스트 병뚜껑을 열고 블랜딩 할 오일 병을 함께 쥐고 코끝에서 약간의 거리를 두어 향을 맡아 보거나 향 페이퍼에 에센셜 오일을 각각 떨어뜨려 향을 맡아본다. 향이 너무 강하거나 매력적이지 않을 경우 같은 효능을 가진 다른 향 페이퍼에 시도해 본다.

(5) 캐리어 오일 또는 베이스 제품 선택

선택한 오일을 적용방법에 따라서 캐리어 오일, 무향의 베이스 제품(크림, 로션)과 그 농도를 결정한다.

(6) 블랜딩 레시피

각 에센셜 오일의 특징(화학적 성분, 향, 휘발도, 피부자극성 및 각 에센셜 오일의 사용 주의점)을 잘 파악한 후 블랜딩을 시도하는데, 3개를 초과하여 에센셀 오일을 혼합하지 않도록 한다. 처음에는 전문 아로마테라피스트가 기록한 기존의 레시피(에센셜 오일의 혼합비율)대로 실습하다가 경험이 쌓이면서 나만의 레시피를 개발한다. 자극적이고 서로 반대되는 효능을 가진 에센셜 오일들은 가급적이면 혼합하지 않는다.

(7) 블랜딩 된 오일의 관리

라벨스티커에 블랜딩의 목적, 대상, 구성 에센셜 오일과 캐리어 오일의 종류와 비율, 날짜 등을 적어 차광 병에 붙인다.

▶ 주의해야 할 대상

특별히 주의해야 할 대상과 부위에는 1% 이하로 블랜딩하여 사용한다. 5ml 캐리어 오일에 에션셜 오일 1방울을 넣어 1%로 블랜딩 하는 것이 바람직하다. 민감한 피부, 노인, 어린이, 몸이 쇠약하거나 수술 후 회복기의 환자, 임신수유부와 얼굴 부위는 주의한다.

블랜딩 원칙

에션셜 오일의 측정

- 에션셜 오일 1ml = 20방울, 1 티스푼(ts)= 5ml, 1 테이블스푼(Tbs)= 15ml
- 얼굴: 1%- 캐리어오일 5ml에 에션셜 오일 1방울
- 전신: 3% - 캐리어오일 20ml에 에션셜 오일 12방울

2) 블랜딩 실습

준비물

에션셜 오일, 캐리어 오일 또는 베이스 제품, 비커, 유리막대, 스포이드, 차광 병, 라벨스티커, 향 테스트 페이퍼

그림 4-1 블랜딩

정리하기

블랜딩의 목적과 효과 및 주의사항에 관해 요약하시오.

성인 전신 아로마 관리 시 캐리어 오일의 희석 농도에 관해 설명하시오.

CHAPTER 5

아로마테라피의 실제

학습목표

- 아로마테라피 관리 시 테라피스트와 고객이 상담을 하는 것이 왜 중요한가를 설명할 수 있다.
- 고객상담으로 고객의 요구를 파악하여 효과적인 관리계획을 수립할 수 있다.
- 고객상담 후 고객관리 차트 작성을 할 수 있으며, 고객에게 필요한 구체적 조언을 제시할 수 있다.
- 첫 상담 시, 어떻게 관리를 진행 할 것인가에 관한 플렌을 작성하여 고객의 서명을 받아 놓는 것이 왜 중요한지를 알 수 있다.

Aroma Therapy

1. 고객상담

고객상담이란, 테라피스트와 고객이 서로의 정보를 주고 받는 시간으로 테라피스트는 고객상담을 하는 동안 다음의 내용을 행할 수 있다.

첫째, 관리사 본인의 소개와 고객과의 인사를 나눔으로써 최상의 결과를 얻을 수 있도록 마음의 문을 연다.

둘째, 고객의 요구사항과 얻고자 하는 결과에 관한 효과적인 방법을 적용할지에 관하여 결정한다.

셋째, 아로마테라피 관리의 구체적 방법과 절차에 관하여 설명하고 알려준다.

넷째, 원인이 무엇인지를 파악하여 최상의 방법을 제안한다.

다섯째, 효과적인 최상의 방법을 위한 관리계획을 세울 수 있다.

여섯째, 상호 협의한 내용에 동의서를 받아둔다.

고객상담은 고객의 문제점과 원인을 찾을 수 있도록 돕고, 관리 방법에 관한 계획을 설계하며, 이를 해결하기 위한 적절한 방법을 찾고, 테라피스트와 고객 간의 유대관계를 어떻게 유지 할 것인가에 대해 결정짓는 과정이다.

고객상담을 통해서 테라피스트와 고객이 첫 만남을 갖게 되며, 고객은 테라피스트의 전문적 자질에 관해 신뢰를 형성하게 되는 시기이기도 하다. 그렇기에 고객과의 첫 번째 접촉인 상담에서는 전문가적인 태도가 필요하다. 그 예로 음성적 언어, 비음성적 언어, 태도, 친근한 매너 등이 요구된다.

고객상담 과정에서 고객의 전반적인 건강상태를 알 수 있게 되며 과거의 병력이나 가족력 및 현재의 라이프스타일이나 심리적·정서적 상태가 육체에 어떠한 영향을 미치는지에 관한 정보를 얻을 수 있다.

상담 전략의 기본에는 바람직한 행동을 얻기 위해 관계를 발전시키고 계획하는 등 모든 것이 포함된다. 좋은 대화기술은 고객의 음성적, 비음성적 언어에 관심을 기울여 정보를 얻도록 노력해야 하며, 이를 위해 테라피스트는 본인의 말을 하기보다는 고객의 말에 귀를 기울이는 경청태도가 무엇보다도 중요한다. 이렇게 얻은 정보를 기록지에 잘 옮겨 정리하여 관리 시에 적극 활용하는 자세가 필요하다.

아래 순서에 입각하여 상담을 이끌어 나가야 한다.

먼저, 고객의 일반적 사항인 고객의 이름과 주소 및 전화번호 등은 고객 카드 양식의 윗부분에 기입되어야 한다. 또한 테라피스트는 상담을 통해 고객의 얼굴 표정을 살피고, 고객에게 어디가 어떻게 불편하여 이곳을 방문하게 되었는지에 관한 동기를 묻고, 고객이 해결하고자 하는 문제점과 욕구를 파악하는 것이 필요하다. 그리고 고객의 지금과 같은 상태를 앓았던 경험의 가족력이 있는지에 관한 의학적 사항을 체크한다. 또한 고객이 호소하는 주된 원인을 어떠한 방법으로 해결해 줄 수 있는지에 관한 방법을 몇 가지 소개한 후, 고객과 함께 최상의 방법을 이끌도록 결정한다. 그 후 해결 방법을 찾았다면, 회기를 정하고 몇 주기에 나누어 관리를 받을 것인지에 대한 비용과 홈케어어드바이스를 제시한다.

아로마테라피스트는 시술 전에 고객과의 상담을 하기 위해서 지속적으로 전문지식을 습득하고, 상담가로서의 자질과 전문 지식을 바탕으로 상담할 수 있어야 한다. 또한 고객과의 상담을 통하여 고객의 성격과 신체적 특성 및 고객의 욕구가 무엇인지를 정확히 파악하여 올바른 관리 방법을 계획하고 마사지를 적용하는 것이 무엇보다도 중요하다.

일반적으로 고객들은 질병을 예방하기 위한 목적 혹은 스트레스로 인한 정신적, 심리적 문제와 육체적 릴렉스를 위해 아로마테라피를 관리 받기 위하여 관리실을 방문하는 경우가 종종 있다.

아로마테라피는 건강한 사람은 더욱 더 건강하게 하기 위함이며, 스트레스를 경감하기 위한 마사지라는 사실을 상담 시에 기억하여 고객을 환자로 대우해서는 안된다.

1) 아로마테라피 사전 예약

아로마테라피 시술 전 고객과 상담을 통해 첫 대면을 하게 되며, 상담 및 관리를 위해 예약은 필수적이다. 이는 고객을 위해서도 필요하지만, 관리사를 위해서도 반드시 필요하다.

고객은 상담이나 관리 시 관리사의 태도, 목소리, 인상 등으로 관리사의 능력을 평가하며 신뢰여부를 결정하게 된다. 그럼으로 테라피스트(therapist)의 전문적인 태도나 목소리 및 비음성적 메시지 전달 능력 등은 고객에게 테라피스트가 전문가라는 각인을 갖게 하는 중요 요소로 작용한다.

예약 시 아래 세 가지 질문은 고객의 정보를 얻을 수 있는 중요한 내용이다.

첫째, 아로마테라피를 받아보신 적이 있으십니까?

둘째, 어떤 경로로 저희 관리실을 알게 되셨습니까?

셋째, 어디가 불편하시거나, 어떤 결과를 얻길 원하십니까?

위의 세 가지 질문에 대한 대답은 상담을 통해 그 원인을 더욱 명확히 분석하는데 도움을 줄 수 있을 것이다.

2) 정확한 절차와 방법 제시

테라피스트(therapist)는 첫 상담 동안에 정확한 관리방법과 절차 및 회기를 알려주고 발생 비용에 관해 알려야 하며, 고객이 지켜야 할 사항을 설명하고 고객의 서명을 받아둔다.

상담은 고객의 필요와 요구를 알아보기 위해서도 필요하지만, 고객의 관리 진행 때마다 고객의 상태가 변함으로 매 회기마다 고객의 상태를 분석하는 것은 매우 중요하다. 왜냐하면 고객의 매 회기 상태에 따라 관리시간이나 방법 혹은 에션셜 오일의 선택 등이 달라지기 때문이다.

매 회기마다 테라피스트는 관리 이후, 고객의 상태를 분석하고 기록하여 차기에 이를 반영하는 중요한 지표로 활용해야 하기 때문에 기록은 철저하게 기록되어져야 한다.

3) 관리계획 수립

테라피스트는 먼저 적절한 관리계획을 세우고, 그 계획에 맞춰 방법과 선택한 에션셜 오일 및 시간 등의 회기를 나누어 진행 계획의 세부사항을 계획한다.

계획 수립 시 고려해야 할 사항은 고객의 병력, 고객과의 첫 상담 시 고객의 요구사항, 관리 전 고객 평가를 통하여 고객과 합의한 계획의 내용과 방법 등을 회기별로 계획을 세우고, 관리 방법과 선택한 에션셜 오일의 선정 및 비용 등을 결정하는 것이다.

테라피스트는 고객의 부위별 장애의 원인과 범위를 결정하고 최상의 효율적인 기능회복을 할 수 있는 에션셜 오일과 케리어 오일을 어느 정도의 비율로 블랜딩 할 것인지, 관리시간과 몇 회기로 할 것인지를 결정하여야 하되 반드시 고객의 동의를 얻어야 한다.

4) 동의서 작성

고객은 동의서를 작성하는 동안 자신이 받을 마사지 서비스가 무엇인지를 정확하게 이해할 수 있게 된다. 고객에게 필요하고 원하는 부위의 신체적 약화와 기능적인 변화와 보다 더 적절한 치료 마사지 계획을 세울 수 있도록 하며, 또 다른 치료를 받고자 의뢰하거나 필요한 건강상태를 확인하는데 도움이 된다. 뿐만 아니라 전문가적인 관찰 능력의 모습과 신뢰받는 테라피스트의 자상한 모습을 나타낼 수 있다. 전문적인 분위기와 위생적인 효과를 자아내는 분위기가 항상 치료실에서는 유지되어야 한다. 모든 세부사항이 고객의 도착 전후로 준비되어야 하고 질서 정연해야 한다.

고객을 맞이하는 사람은 유니폼이나 가운으로 청결함을 유지해야 하고, 자신감 있고 친절한 태도를 보여야 한다. 또한 고객이 치료 마사지실에 들어서는 순간부터 믿음과 자신감을 갖도록 하는 것이 중요하다. 또한, 고객을 지정된 시간보다 많이 기다리게 해서는 안 되며, 고객에게 서비스를 제공할 수 있는 테라피스트가 소개되어야 한다. 이때 상담자와 테라피스트에 의한 전문적인 계획은 테라피스트의 이미지와 위치를 돋보이게 할 수 있다.

5) 고객에 대한 기록

고객의 인적사항(고객의 이름, 주소, 전화번호 등)과 직업, 임신여부, 의학적 정보, 과거 병력, 관리계획, 동의서, 치료부위별 기록, 관리 후 사후 평가 기록, 치료비 지불 상태 등을 기록한다. 치료기록카드는 어떤 관리 방법과 에센셜 오일에 고객이 어떠한 반응을 일으키고 어떤 결과를 얻었는지를 꼼꼼히 기록한다.

6) 진단과 평가 및 기록

고객의 상태를 진단, 평가, 기록하는 것은 전문가의 또 다른 영역이다.

(1) 주관적 요소

고객 개개인의 심리, 정서 및 육체적 상태의 특성을 고려한 상담은 매우 중요하다. 이러한 다양한 특성이 현재 고객의 문제점으로 나타나기 때문에 고객의 주관적 요소에 관심을 갖는 일은 테라피스트에게는 중요하다.

(2) 객관적 요소

어떤 에센셜 오일과 어떤 방법의 관리방법이 효과적이었는지에 관해 파악하는 것은 올바른 케어를 유도하기 위해 절대적으로 필요하다.

(3) 평가 또는 적용

테라피스트는 고객의 부위별 장애의 원인과 범위를 확인하고, 최상의 효과적인 기능회복을 할 수 있는 관리방법을 택해서 시술해야만 되고, 그 고객에게 가장 적절한 방법을 적용·실시한다. 고객에게 신체 부위별 기록지 위에 자기의 통증 정도를 표시하거나 말할 수 있도록 유도한다.

(4) 계획

관리계획은 병력 등에 대하여 고객과 폭 넓은 영역에서의 대화 및 고객의 기능적 능력 등을 평가함으로써 테라피스트는 부위별 장애의 원인과 범위를 결정하고 최대의 성공적인 기능회복을 할 수 있는 에센셜 오일의 선택과 관리방법을 택해서 시술해야만 되며, 그 고객의 가장 적절한 방법을 적용·실시한다.

7) 기록자료

아로마테라피 과정 중 매 회기마다의 관리 방법에 시행되었던 에센셜 오일의 종류, 블랜딩 오일의 종류, 블랜딩 방법 및 그 효과와 고객의 느낌 등은 정확히 기록되어져 고객을 위한 기초자료 및 다음 진행을 위한 상담과정에 활용되어져야한다. 또한 테라피스트가 교체 된 후에도 고객을 연계하여 관리하기에 부족하지 않도록 자료를 공유하는 것은 무엇보다도 중요하다.

2. 아로마테라피 사전 준비단계

- 필요한 물품을 정돈하고 배치하는 작업 공간을 준비한다.
- 고객의 요구나 금기사항의 결정은 상담을 통해 미리 정하고, 고객 동의서를 작성하여 고객에게 서명, 날인하도록 한다.
- 마사지를 위해 필요한 물품은 모두 깨끗하고, 위생에 철저히 신경 쓰고 있다는 것을 고객에게 보여주며 알린다.
- 탈의실로 고객을 안내하고 악세서리나 의복을 탈의하도록 하며, 관리 시의 준비절차를 설명한다.
- 관리사의 손은 항상 위생적이어야 하며, 자주 손을 씻고 손톱은 항상 짧게 자르며 네일 에나멜 폴리쉬(polish)는 바르지 않는다.
- 고객이 마사지 테이블에 오르고, 똑바로 누울 수 있도록 항상 도와준다.
- 마사지를 할 부위를 제외하고, 시트 또는 타월로 고객의 몸을 드레이핑(draping) 한다.

3. 고객의 바디 리딩

바디 마사지 관리 시 먼저 고객의 자세를 살펴보고, 어떤 자세 결함들이 있는지 판독하는 것은 아주 중요하다.

올바른 자세란 신체가 정확히 일직선으로 정렬되어 있고, 좌우대칭이 바르다는 것을 의미한다. 또한 근육의 긴장과 접질림, 통증이 없고 근육과 관절의 움직임이 자연스러움을 뜻한다.

자세가 올바르면 호흡관계도 자유로워 혈액순환 및 신진대사가 잘 되어 영양 흡수가 용이하며 노폐물 배출 등에도 도움을 줌으로 윤택하고 탄력 있는 건강한 아름다운 몸매를 갖게 될 것이다. 그러나 올바르지 못한 자세는 신체기관들이 압박을 받거나 제약을 받기 때문에 근육 통증 및 신경통증 등을 유발 할 뿐 아니라, 뼈나 관절 부위에도 부정적 영향을 미친다.

마사지는 고객의 자세적인 문제들에 도움을 줄 수 있고, 관리 후 평가의 일부로서 활용되어지기도 한다.

인체의 자세는 다음과 같은 다양한 요소에 의해 영향을 받는다.
첫째, 유전적인 요인
둘째, 긴장과 스트레스
셋째, 질병의 상태 및 영양상태
넷째, 서 있거나 앉아있을 때 습관적으로 취하는 불량 자세
다섯째, 신발, 옷, 가방 등의 올바르지 못한 착용 유무
여섯째, 연령과의 상관관계

1) 자세평가

실 끝에 추를 매단 자세평가 추를 활용하여 자세를 평가한다. 자세평가 부위로는 등 뒤의 흉추 굴곡선, 귓불의 수평 여부, 흉쇄 유돌근과 승모근의 높낮이와 경직 상태, 허리와 엉덩이 양쪽의 수평 여부, 척추결함, 골반의 뒤틀림, 다리 길이 차이 등을 평가하여 자세결함을

평가 후, 마사지 시 혹은 홈트리트먼트 시 자세교정 및 운동법 등을 조언한다.

고객은 스포츠 브라와 팬츠를 입고 양 어깨 힘을 뺀 편안한 상태에서 팔을 옆구리에 가볍게 붙이게 한다. 그 후 전면에서 고객의 흉쇄유돌근, 목의 길이, 어깨의 앞·뒤 뒤틀림, 쇄골 뼈의 길이와 상태 등을 평가한 후 관찰한다. 고객 후면 등 뒤의 흉추 굴곡선이 신체의 정렬상태로 되어 있는지를 살핀다.

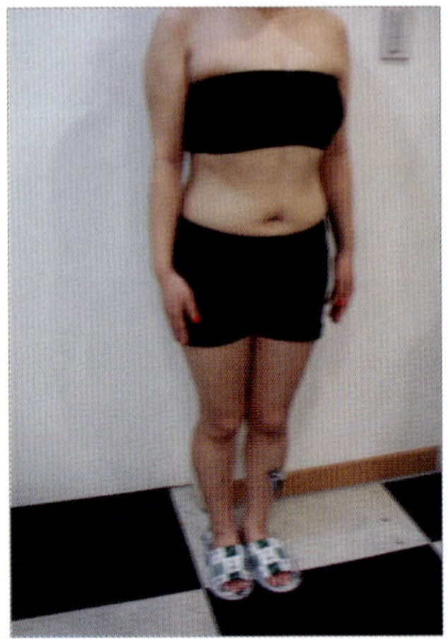

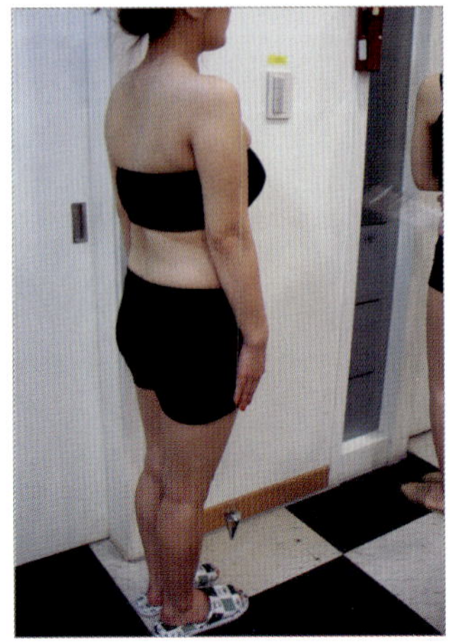

그림 5-1 고객 바디 리딩

구체적으로 평가 할 항목은 아래와 같다.

(1) 귓불이 수평인지를 살펴본다. 만약 어느 한쪽의 귓불이 높다면 높은 쪽의 흉쇄유돌근과 승모근은 짧게 수축되어 있고, 다른 쪽은 쳐져있게 된다. 만약 한 쪽 어깨가 다른 쪽보다 더 높다면, 높은 어깨 쪽 승모근의 윗부분이 굳어 있는 것이다.

(2) 양 어깨를 들어 올려 높여진 상태로 유지할 수 있는지의 여부로 스트레스 및 긴장 정도 혹은 승모근의 경직 등에 문제가 있다고 볼 수 있다.

(3) 허리와 엉덩이 양쪽이 수평한지 여부를 살펴본다. 만약 그렇지 못하다면 척추 결함이거나 골반 뒤틀림에 의해 한 쪽 다리가 다른 쪽에 비해 짧을 수도 있다.

(4) 한 쪽 다리가 다른 쪽보다 짧은지를 평가한다. 이는 척추가 휘었거나 아니면 근육통이나 뻐근함과 연관된 다른 척추 문제가 있다는 것을 나타내는 것이다.

(5) 발끝이 밖을 향해 있는지를 파악한다. 이것은 평발 즉, 발바닥 중간의 아치가 무너진 발일 수도 있다.

(6) 측면에서 평가하기를 통하여 굴곡선이 귓불에서 어깨관절, 엉덩이 관절, 슬개골이 살짝 뒤로 이어져 튀어 나온 상태로 발목 복숭아 뼈 바로 앞으로 내려뜨려지는지를 평가한다.

(7) 후면에서 고객 인체 자세 평가를 통하여 아래와 같은 사실을 알 수 있다.

- 어깨 관절의 높낮이 불균형 결함: 어느 한쪽으로 가방이나 무거운 짐을 들거나 어깨 승모근 경직 등이 원인일 수 있다.
- 엉덩이 처짐: 둔부 근육이 약하다는 것이다.
- 골반의 뒤틀림 결함: 다리를 자주 꼬거나 나쁜 자세 습관 등의 원인이 있다.

2) 자세 결함

자세결함이란, 어떤 근육들은 심하게 수축되었거나 혹은 반대로 지나치게 늘어져 자세를 취함에 있어서 신체가 불균형 상태에 있음을 의미한다. 시간이 지나면 이런 근육들은 딱딱해지고 수축 및 경직되는 반면 다른 근육들은 늘어나고 연약해질 것이다. 세 가지 중요한 자세 결함은 척추전만증, 척추후만증, 척추만곡증이다(그림 5-2).

(1) 척추후만증

척추 흉부가 굽어져 있는 상태이다. 고객의 어깨가 앞으로 둥글게 형성되어 있고, 아래 턱이 앞으로 내밀어져 있을 수도 있다. 이러한 원인은 책을 많이 보거나 컴퓨터 등을 자주하거나 혹은 노화되어 흉추의 일부분이 굽어진 상태가 원인 일 수 있다.

- 약해진 근육: 상부의 등 근육이 약해지고 심하게 늘어난 상태이다.
- 굳어진 근육: 흉부 근육이 굳어지고 짧아진다.

(2) 척추전만증

등뼈의 요추 부위가 안으로 굽어졌거나 우묵하게 파인 등허리를 가진 것처럼 보인다. 또한 복부와 엉덩이가 돌출되어 있다. 마치 체조 선수나 발레리나와 같은 자세를 갖는다(그림 5-3).

증상은 아래와 같다.

첫째, 대퇴부 근육, 대둔근, 복직근과 내·외부 복근 등의 근육들이 잡아 당겨지고 늘어나 약해져 있다.

둘째, 요추 부위의 근육들이 짧아지고, 둔부의 굳어져 있는 근육도 있다.

셋째, 복근이 지나치게 늘어졌거나 약하여 하복부가 튀어나오고 골반이 앞으로 기울어진 상태이다. 이는 잦은 임신 경험 및 하이힐 착용으로도 올 수 있다.

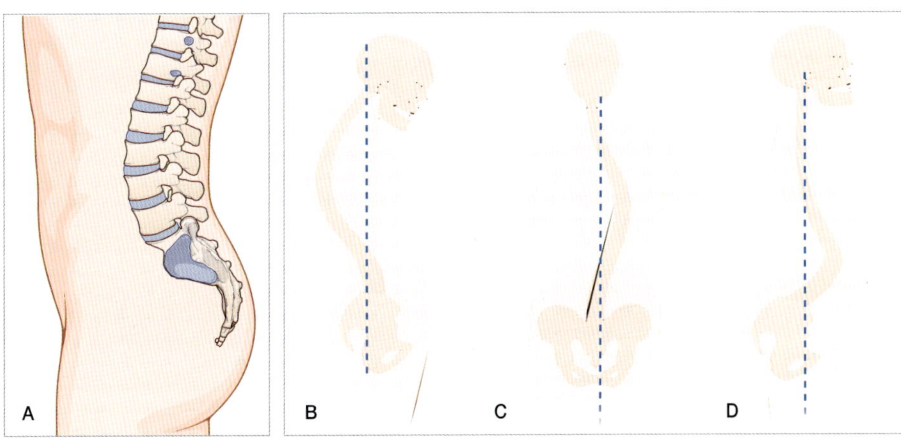

그림 5-2 자세결함(척추만곡증) A: 정상 B: 전만 C: 후만 D: 측만

자세결함을 위한 운동조언 방법은 아래와 같다.
스트레칭과 근력 운동을 통해 바로 잡아주는 것이 좋다.

그림 5-3 자세결함을 위한 운동방법

(3) 척추측만증

척추측만증의 징후는 C자로 또는 S자 모양으로 구부러진 척추의 이상 만곡이다. 이것은 어깨와 골반지대의 수평이 다소 고르지 못한 결과를 야기시킬 수 있다. 원래 태어날 때부터 이런 상태인지, 아니면 상당한 시간이 지나도록 한쪽 어깨로만 무거운 가방을 지속적으로 메고 다녀 이런 결과를 가져왔는지와는 상관없다. 어쨌든 짧아지고 경직된 근육은 만곡의 안쪽에 위치해 있는 근육들이고, 과다 팽창된 근육은 만곡의 바깥쪽 근육들이므로, 짧아지고 굳어진 근육들은 마사지를 통해 이완시켜주거나 늘려줄 수 있고, 이것으로 자세 결함을 교정시키는데 도움을 줄 수 있다.

3) 자세교정

고객에게 아래의 자세교정을 조언해주도록 한다.

- 고객의 머리는 목을 곧게 펴고, 아래턱을 안으로 당기게끔 한다.
- 어깨는 뒤로 젖히고, 편히 늘어뜨린다.
- 복근을 안으로 당긴다.
- 엉덩이 근육을 조여 안으로 밀어 넣는다.
- 무릎은 살짝 구부린다.
- 몸무게는 양쪽 발에 균등하게 싣는다.

4. 물을 이용한 치료법

- 고객에게 가장 적합한 목욕법을 선택한다.
- 목욕장비와 비품 등을 정비한다.
- 목욕 온도를 맞춘 후 온도가 적합한지 고객에게 물어본다.
- 목욕하는 동안에 고객이 필요로 하다면 보조해 준다.
  고객에게 물이나 이온수를 마시게 하고 고객을 살핀다.
- 목욕을 한 이후에 필요하다면 고객을 보조한다.
- 목욕 후에 짧은 시간 동안, 고객에게 휴식 할 수 있게 한다.

5. 각질 정리

이과정은 건식이나 습식 모두 적절하게 활용할 수 있다. 주로 솔트, 흑설탕, 곡물 등의 재료가 활용된다(그림 5-4).

효과로는 각질제거와 노폐물제거 및 보습 효과를 얻을 수 있고, 매끄러운 피부를 만들 수 있는 장점이 있으며, 스크럽 후 아로마테라피 활용 시 흡수율을 증가시키는 장점이 있으나, 민감한 피부의 경우는 스크럽 자체가 자극이 될 수 있어 주의를 요한다.

1) 슈가필링

슈가필링(sugar peeling)은 흑설탕을 주원료로 글리세린과 라임 및 로즈마리 등의 함유로 무코 다당(mucopolysaccharide)이 충분히 함유되어 있어 각질제거와 동시에 대단히 좋은 보습이 동시에 이루어진다는 장점이 있다.

무코다당

당 및 아미노당(uronic acid)과 같은 당유도체로 된 생체의 운동을 원활히 하여 환경에 대한 보호작용을 나타내는 점성분비액(mucus)으로부터 얻어지는 다당류를 총칭하는 것으로 화장품에서는 천연보습인자의 역할을 담당한다.

2) 솔트필링

솔트에는 마그네슘, 칼륨, 브롬 이외에 다른 미네랄이 풍부하게 들어 있고 산화된 피지를 적극 제거하는데 용이한 장점이 있으나, 민감한 피부는 자극이 됨으로 피하는 것이 좋다.

3) 곡물필링

밀단백질이나 녹두가루 및 옥수수 전분 등의 함유로 각질제거와 함께 피지 흡착 등의 효과를 제공함으로 피지가 넉넉한 피부를 위한 각질제거제로 효과적이다.

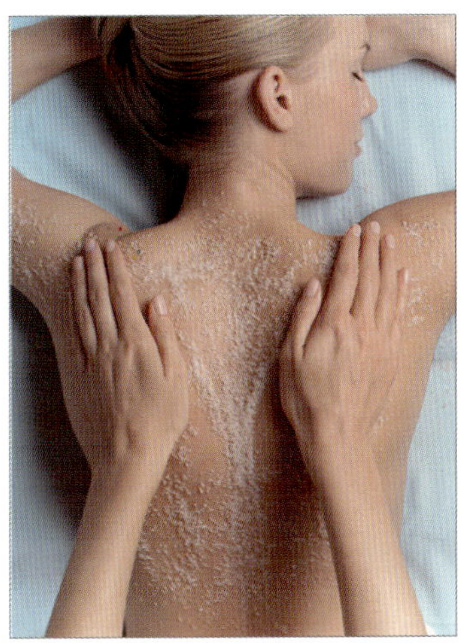

그림 5-4 각질정리

6. 관리사의 일하는 자세

마사지는 고객의 육체적 통증 감소 및 고객과의 정서적 교류로 심리적 안정감과 스트레스 해소의 효과를 동시에 제공하는 치료요법 중 하나이다.

훌륭한 아로마테라피스트가 되기 위해서는 인체해부생리학을 학습하여 고객의 신체 부위 기능 및 역할을 충분히 이해하고, 고객에게 집중하여 마사지를 적용하여야 한다.

아로마테라피 적용 시 관리사의 과로와 부상을 예방하기 위하여 올바른 자세가 절실히 요구된다(그림 5-5).

- 걷기 자세: 다리를 벌리고 서서, 마치 걷듯이 한발을 다른 쪽 발 앞에 둔다. 이런 자세는 신체의 길이를 따라 위 아래로 마사지할 때 사용되며, 마사지 시 관리사의 체중을 적절하게 옮겨 싣는다.
- 기마자세: 양발은 벌리고 서서 전면을 향한다. 이 자세는 몸을 가로질러 작업할 때 사용되며 엉덩이를 빼지 말고 무릎은 굽히며 허리를 일자로 만드는 것이 중요하다.
- 겨드랑 사이를 벌린다: 작업 시 겨드랑은 계란 1~2개 정도 들어갈 정도로 벌려 유연하게 일하며, 어깨를 떨어뜨리고 일한다.
- 관리사의 눈높이와 고객의 몸은 일직선을 유지한다: 관리사의 시선을 고객의 몸에 떨어뜨리는 것은 고개를 구부정하게 하며 작업을 하는 것으로, 관리사의 뒷목이 매우 피곤해지므로 관리사는 머리를 반듯하게 세우고 일해야 한다.
- 관리사의 손톱은 짧고, 청결하며 따뜻해야 한다.
- 고객 중심의 고객에 대한 배려 및 고객 이해의 마음을 갖고, 밝고 긍정적으로 고객을 정중히 대한다.

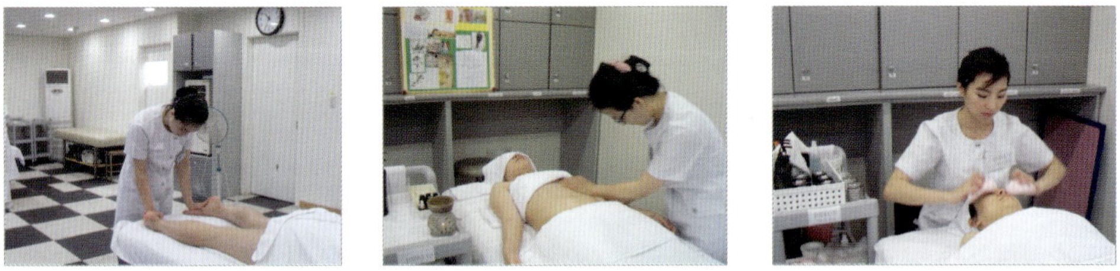

그림 5-5 관리사의 올바른 자세

7. 위생과 안전 및 환기

- 관리사의 위생: 테라피스트는 손톱을 짧게 자르는 것을 원칙으로 한다. 또한 손톱에 폴리쉬(polish)를 칠하지 않도록 해야 하는데, 이는 정유가 폴리쉬를 녹여 작업 시 폴리쉬의 화학성분이 고객에게 흡수 될 수 있기 때문이다.
- 작업 시 안전: 아로마테라피 적용 시 아로마 방향초나 램프를 활용하는 경우가 종종 있으므로 화기에 조심해야 한다. 특히 아로마 에센셜 오일은 특성 상 화기에 매우 주의를 기울여야 하므로, 관리실 내에 반드시 소화기를 준비해 두어야 한다.
- 환기: 아로마테라피 적용 후 30분 가량 꼭 환기를 시키며, 관리실에는 환기구가 설치되어 있도록 한다.
- 베드셋팅(bed setting)
- 정리대 셋팅

그림 5-6 아로마테라피 작업환경

아로마테라피 상담카드

이름 : ____________________ 전화 : ____________________

주소 : ____

E-mail : ____

출생 년 월일 : ____

직업 : ____

의학적 질문 표

다음과 같은 증상이 있거나 증상으로 고통을 겪은 적이 있는지 기록하여 주십시오.

고혈압 유 무 / 저혈압 유 무					
심장질환	유	무	간질환(간암)	유	무
간질	유	무	소화 장애(예: 과민성 대장증후군)	유	무
최근 출혈 여부	유	무	색전증, 혈전	유	무
혹이나 종기	유	무	정맥류	유	무
당뇨	유	무	경련	유	무
신경계 이상(파킨스씨 병)	유	무	피부트러블 및 염증	유	무
알레르기	유	무	상처 유 무 및 찰과상	유	무
최근 수술한 적이 있는지	유	무	부종, 수종(체액정체)	유	무
신체에 미치는 어떤 통증	유	무	공포나 우울증	유	무
임신여부	유	무	현재(최근에) 약 복용 여부	유	무
소견서 필요여부	예	아니오			

의사이름 : ____

병원주소 : ____

전화번호 : ____

라이프스타일에 관한 문항입니다. 기록하여주십시오.

- 음주를 할 경우, 얼마나 자주 마시는지요?
- 흡연을 할 경우 하루에 몇 개비나 피우시는지요?
- 식생활의 상태는 어떤지요?
- 물을 자주 얼마나 마시는지요?
- 수면상태 및 숙면을 취하는지요?
- 운동은 얼마나 자주하는지요?
- 취미는요?
- 어떤 방법으로 휴식을 취하는가요?
- 폐경, 사별, 실업, 은퇴 등과 같은 것을 겪은 적이 있는지요?
- 당신의 스트레스가 어느 정도라고 보시는지요? : 상 / 중 / 하
- 구체적인 스트레스 상태를 쓰세요.
- 당신은 정열적이며 의욕적인가요? 상 / 중 / 하
- 이전에 아로마테라를 받은 적이 있는지요? 예 / 아니오
  - 받으신 경험이 있다면? 어떤 목적으로 받으셨나요?
  - 받고 난 후의 느낌이나 증상은 어떠하셨는지요?

다른 기타 정보를 알려 주시기 바랍니다.

고객선언

위의 서술한 의료적인 세부사항에 관한 정보는 거짓이 없이 정확하며, 건강상 문제가 발생할 경우 즉시 테라피스트에게 알릴 것이다.

고객서명: 사인:

날짜:

관리 기록:

아로마테라피 상담카드

년 월 일

<table>
<tr><td colspan="2">관리목적</td></tr>
<tr><td colspan="2">고객의 증상 및 관리 계획</td></tr>
<tr><td rowspan="2">베이스 오일</td><td>Face(ml):</td></tr>
<tr><td>Body(ml):</td></tr>
<tr><td rowspan="2">정유의 종류와 특성
및 작용과 방울 수</td><td>Face</td></tr>
<tr><td>Face</td></tr>
<tr><td>희석 농도
(%)</td><td>Face:
Body:</td></tr>
<tr><td>어드바이스</td><td></td></tr>
</table>

아로마테라피 상담카드 예시

ITEC

College Name:

Client Consultation Form - *Aromatherapy*

PERSONAL DETAILS Age group:

under 20 ☐ 20~30 ☐ 30~40 ■ 40~50 ☐ 50~60 ☐ 60+ ☐

Usual visit to Therapist: Lifestyle: Active ■ Sedentary ☐

Last visit to the doctor: Non No. of children(if applicable): 2명

Date of last period(if applicable): 2010. 7. 18

CONTRAINDICATIONS(tick where appropriate): Non

Any form of infection, disease or fever ☐ Under the infiuence of recreational drugs or alcohol ☐ Diarrhoea ☐ Vomiting ☐ Pregnancy(first trimester) ☐ Any form of general medication ☐ Pregnancy(use only mandarin) ☐ Cardio vascular conditions ☐ Haemophilia ☐ Any condition already being treated by a GP or another complementary practitioner ☐ Medical oedema ☐ Osteoporosis ☐ Arthritis ☐ Nervous/Psychotic conditions ☐ Epilepsy ☐ Recent operations ☐ Diabetes ☐ Asthma ☐ Any dysfunction of the nervous system ☐ Bells Palsy ☐ Trapped/Pinched nerve ☐ Inflamed nerve ☐ Skin cancer ☐ Cancer ☐ Postural deformities ☐ Spastic conditions ☐ Kidney infections ☐ Whiplash ☐ Slipped disc ☐ Undiagnosed pain ☐ When taking prescribed medication ☐ Acute rheumatism ☐ Skin diseases ☐ Undiagnosed lumps and bumps ☐ Localised swelling ☐ Inflammation ☐ Varicose veins ☐ Cuts ☐ Bruises ☐ Abrasions ☐ Scar tissues ☐ Sunburn ☐ Hormonal implants ☐ Abdomen(first few days of menstruation) ☐ Haematoma ☐ Hernia ☐ Recent fractures ☐ Cervical spondylitis ☐ Gastric ulcers ☐ After a heavy meal ☐ Conditions affecting the neck ☐

WRITTEN PERMISSION REQUIRED BY:

GP/Specialist ☐ Informed consent ■
Either of which should be attached to the consultation form

PERSONAL INFORMATION: Muscular/Skeletal problems:

Back ☐ Aches/Pain ☐ Stiff joints ☐ Headaches ☐

Digestive problems: Constipation ■ Bloating ☐ Liver/Gall bladder ☐ Stomach ☐

Circulation: Heart ☐ Blood pressure ☐ Fluid retention ☐ Tired legs ☐ Varicose veins ☐
Cellulite ☐ Kidney problems ☐ Cold hands and feet ☐

Gynaecological: Irregular periods ☐ P.M.T ☐ Menopause ☐ H.R.T ☐ Pill ☐
Coil ☐ Other:

Nervous system: Migraine ☐ Tension ☐ Stress ☐ Depression ☐

Immune system: Prone to infections □ Sore throats □ Colds □ Chest □ Sinuses □

Regular antibiotic/medication taken? Yes □ No ■ If yes, which ones:

Herbal remedies taken? Yes □ No ■ If yes, which ones:

Ability to relax: Good □ Moderate ■ Poor □

Sleep patterns: Good □ Poor ■ Average No. of hours 1: 5~6시간

Do you see natural daylight in your workplace? Yes □ No ■

Do you work at a computer? Yes □ No ■ If yes how many hours 1:

Do you eat regular meals? Yes □ No ■

Do you eat in a hurry? Yes ■ No □

How many portions of each of these items dose your diet contain per day?

Do you take any food/vitamin supplements? Yes □ No ■ If yes, which ones:

How many units of these drinks do you consume per day? Tea: ___ Coffee: 3~4잔 Fruit juice: 1/2잔 Water : 1L 미만 Soft drinks: 콜라 1잔 Others: ___

Do you suffer from food allergies ? Yes □ No ■

Bingeing? Yes □ No ■

Overeating? Yes □ No ■

Do you smoke? No □ Yes ■

How many per day? 5~6개피

Do you drink alcohol? No □ Yes ■

How many units per day? 맥주1병

Do you exercise? None □ Occasional ■ Irregular □ Regular □

Types: 등산

What is your skin type? Dry □ Oil □ Combination ■ Sensitive □ Dehydrated □

Do you suffer/have you suffered form:
Dermatitis □ Acne □ Eczema □ Psoriasis □ Allergies □ Hay Fever □ Asthma □
Skin cancer □

Stress level: 1-10 7(10 being the highest)

Client profile: 이진숙 고객은 올해 45세로 2남 1녀에 시어머님을 모시고 산다. 직장생활에 며느리로서의 역할 및 아내의 역할을 감당하기에 늘 힘에 부친다. 최근 직장 구조조정으로 일을 그만 둔지 6개월인데 새로운 직장을 구하지 못해 심적 부담을 갖고 있다. 시어머님이 최근 뇌경색으로 병원에 입원해 경제적으로 어려운 형편인데다, 남편의 조기 퇴직으로 스트레스를 받아서 그런지 어깨 및 견비통이 있으며 손, 발이 차고 변비가 심하다. 예전 직장동료를 만나 아로마테라피를 소개받아 관리를 받고자 내방하게 되었다고 한다. 이진숙 고객은 아로마테라피로 어깨 및 근육통 해소와 변비 완화 효과를 얻길 원한다. 그녀는 아로마에 관해 충분히 상담을 받았으며 고객 동의서에 서명하였고 시술과 그 효과 및 영향에 대해서 충분히 안내를 받아 잘 알고 있다.

Reason for treatment 스트레스, 불규칙한 식사, 육식 위주의 식습관으로 더욱 심해진 변비를 해소하기 위해 처음 장의 연동운동을 도와주는 복부관리에 비중을 두었고, 최근 스트레스로 진해진 기미 및 잡티의 미백관리에 비중을 두었다.

Date of treatment : 2010.7.27 1주차 관리

Rationale for the choice of carrier oil 트리트먼트 목적은 스트레스로 인한 변비증상 완화와 혈액순환 강화 및 안면의 미백관리이다.

- Body: 호호바 캐리어 오일 20ml 3%로 블랜딩 시 정유의 방울 수를 12방울 적용한다. 구체적인 정유의 종류로는 혈액순환을 돕는 베이스의 진저 3방울, 미들의 로즈 4방울, 씨트러스 탑에서 그레이프플룻 2방울 및 소화촉진의 탑 오일 펜넬 3을 사용하여 장운동 촉진 및 배뇨 촉진 효과를 갖게 한다.
- Face: 아몬드 오일 5ml 1%로 블랜딩하며 미백과 혈액순환에 효과적인 그레이프플룻 1방울을 적용한다. Rationale for the choice of each essential oil 에션셜 오일로는 그레이프프룻+펜넬(스위트)+진저를 선택하였으며, 그 이유는 림프순환 촉진 및 고객의 스트레스 해소에 도움을 주고 행복감을 주는 오일인 그레이프플룻과 며칠 동안 화장실을 못간 고객이 단시간에 빠른 효과를 볼 수 있어야 하므로 변비와 장의 연동운동에 가장 좋은 펜넬(스위트) 그리고 소화제와 구풍제 역할을 하는 진저를 사용하였다.

Indication of alternative oils that could have been used 만다린+로즈마리+진저를 사용할 수 있다.
Exact amount of carrier oil and essential oil blended Base oil 호호바 20ml 3% 블랜딩할 수 있다.
essential oil(in drops) 그레이프프룻 2방울
essential oil(in drops) 펜넬(스위트) 3방울
essential oil(in drops) 로즈마리 4방울
essential oil(in drops) 진저 3방울

Details of how the Therapist conducted the treatment 고객의 상황을 우선 파악하기 위해 고객의 복부를 온 타올로 클렌징하고, 중간 중간 압을 가하며 상황을 확인한 결과, 하행결장 쪽에서 덩어리가 뭉친 느낌을 좀 느낄 수 있었다.

아로마 오일에 대해서는 듣기만 하고 실제로 관리를 받아 본 적이 없는 고객이라 블랜딩하는 에션셜오일의 효능과 주의사항들을 충분히 설명해 주었다.

Details of how the client felt during and after the treatment 처음엔 쓰다듬는 동작만으로도 트림을 하면서 통증을 호소했으나, 고객과 대화로 고객이 견딜 만큼의 압력을 사용하여 리드미컬하게 동작해가니 고객이 안정되어 감을 확인하였다. 역시 약간 뭉친 느낌이 있던 하행결장 쪽으로 마사지를 할 때 고객은 또 다시 약간의 통증을 호소하여 아주 부드럽고 천천히 하행결장 쪽을 가볍게 지속적으로 만져주고 풀어주었다. 블랜딩 오일에서 나는 그레이프플룻의 향을 고객은 좋아했고, 관리 내내 고객은 간헐적으로 트림을 하였으며, 마사지가 마무리 되어가는 즈음 고객은 화장실이 가고 싶다고 했다.

Details of home care advice given 불규칙적이고 급히 먹는 식사, 채식을 좋아하지 않아 과일과 야채의 섭취가 적을 뿐 아니라 수분섭취 부족으로 인해 장의 연동운동이 급격히 저하되어 있음을 강조하였다. 우선 제일 먼저 실행 할 수 있는 아침에 일어나 물을 한잔 마시는 것과 육식 위주의 식단을 육식과 채식을 골고루 배합하여 섭취할 것을 권장하였으며, 운동은 등산을 좋아하니 지금처럼 즉흥적으로 보다는 매주 1~2회씩 규칙적으로 다닐 것을 권장하였다.

Overall conclusion of the case study including reflective practice 변비로 고생하느니 차라리 설사를 하는 것이 낫겠다는 고객의 말에서 변비로 인한 괴로움을 느낄 수 있었다.

고객의 변비는 생활습관에서 오는 것으로 한꺼번에 너무 많은 변화를 강요하면 고객이 미리 힘들어 할 것 같아 오늘은 일단 2~3가지만 변화시킬 것을 권유하였으나 차츰 변화해야 할 것이 아직도 많은 상황이다. 그리고 오늘은 고객이 커피를 요구하여 드렸는데, 하루에 커피를 마시는 횟수가 많고 습관처럼 커피를 찾는 것 같아 앞으론 관리실에 올 때만이라도 커피보다는 소화기계통에 좋은 캐모마일차나 펜넬차를 권유해야겠다.

Student's/Therapist's Signature: ______________________________

Client's Signature: ____

Aroma therapy - FOLLOW UP SHEET

Date of treatment:

Any changes to the original consultation

Rationale for the choice of carrier oil

Rationale for the choice of each essential oil

Indication of alternative oils that could have been used

Exact amount of carrier oil and essential oil blendedBase oil:

essential oil(in drops):

essential oil(in drops):

essential oil(in drops):

Details of how the Therapist conducted the treatment

Details of how the client felt during and after the treatment

Details of home care advice given

Overall conclusion of the case study including reflective practice

Student' s/Therapist' s Signature:

Client's Signature:

8. 아로마 마사지를 위한 주요 수기

1) 홀리스틱 마사지

홀리스틱 마사지(holistic massage)란 고객의 심리적, 정신적, 육체적으로 나타나는 모든 상황을 개개의 요소가 아닌 전체의 요소로 보고, 마사지로 접근하여 균형있게 발란스 시킨다는 홀리즘(holism)에서 유래되었다. 홀리스틱 마사지에 활용하는 주요 수기 동작으로는 스웨덴식 고전동작인 5가지 동작과 근육을 신전시키며 관절을 유연하게 행하는 다양한 동작이 포함된다. 또한 부드럽게 만져주기(touch) 동작과 같은 고객과 테라피스트 상호 간의 정서적 교감을 나누는 동작이 홀리스틱 마사지 전·후에 사용된다. 그럼으로 고객의 호흡을 유도하거나 호흡속도에 맞추어 마사지 한다.

홀리스틱 마사지에 중요한 규칙은 대부분의 손기술이 근육을 신장시켜 혈류대사를 증폭시킨다는 특징을 갖는다.

일반적으로 치료적 전신마사지는 1~2시간 정도의 시간이 소요되지만, 고객의 상태에 따라 조절 할 수 있다.

(1) 수기의 종류

① 부드럽게 만져 주기

사람간의 접촉에 대한 관심이 마사지 치료의 독특한 특성을 만들어 낸다.

부드럽게 만져주기는 마사지 하는 사람의 손이나 손가락 또는 신체 일부가 고객의 몸에 어느 방향으로도 움직이지 않게 놓아두는 것이다.

압력을 가하는 것은 목적에 따라서 '매우 부드럽게', '보통으로', '매우 깊게' 까지 다양하게 이루어질 수 있고 생리적, 심리적 효과를 얻을 수 있다. 터치는 마사지 치료사가 사용하는 중요한 의사소통 도구이다. 촉각은 고객이 자신의 몸에서 어떤 일이 일어나는가를 알게 해주고, 마사지 치료사에게는 치료하는 조직의 상태와 반응에 대한 정보를 제공해 준다.

- **표면**(superficial): 고객의 피부표면을 손바닥 전체로 압박 없이 만져주는 동작이다.
- **심부**(deep): 손바닥 전체로 손의 무게만 활용하여 만져주는 동작이다.

② 활주 또는 경찰법(gliding or effleurage movements)

활주는 압박의 다양한 강도 또는 기대하는 결과에 따라서 접촉하는 정도의 차이로 고객의 몸 한 부분에 손 또는 팔뚝을 미끄러지듯이 움직이는 방법이다.

홀리스틱 마사지 시 처음 도입 부분과 마지막 끝내기 동작 및 강하고 리드미컬한 동작 전 후에 손바닥 전체를 사용해 피부표면을 가볍게 쓰다듬는 기법이다. 긴장감을 풀어주고 피부표면을 자극함으로 림프순환 흐름을 좋게 한다.

- **Aura 기법**: 이 기법은 오랫동안 마사지 치료사의 손에 의해 부드럽게 고객의 몸 전체 또는 일부 범위에서 스트로크로 이루어진다. 손은 몸과 가깝게 위치하지만, 실제로 피부에 접촉하지는 않으며, 동작은 일반적으로 한 방향으로 이루어진다.

아우라(Aura)란?

아우라란 인체를 감싸고 있는 에너지의 장이다.
이 광선은 우리 인체의 바로 바깥 쪽에서 볼 수 있으며, 에테르체라고도 불린다.

- 되돌아오는 스트로크: 이 동작은 몸에서 멀리 떨어져서 이동한다. 이 기법은 몸을 둘러싸거나 몸에 스며드는 에너지 영역에 영향을 주어, 고객의 몸에 우주적 에너지 흐름을 강화하도록 하는 것이다.
- 한 방향 스트로크: 이 동작은 고객의 신체 표면을 따라서 에너지의 자연스러운 흐름을 따라 전하는 기법으로, 몸을 진정시키며 나쁜 기운을 빼내어 주는 기법으로 신체주위의 환경이 매우 조용하고 편안하며, 고객이 스트로크를 잘 받아들일 수 있는 상황에서만 이루어져야 하고, 신체 전체를 손바닥 전체로 미끄러지듯 밀착하여 천천히 움직인다.

• **표면**(superficial): 손바닥 전체로 고객의 얇은 층 표피를 부드럽게 쓰다듬는다.

• **심부**(deep): 수장의 전체 압을 활용해 밀착하여 쓰다듬는다.

③ 강찰법(friction)

경찰법으로 마사지의 도입을 실시한 후 리드미컬하고 약간 빠른 듯 압력의 강도 변화로 심부층 깊은 근육을 풀어주며 혈액을 좋게 만든다.

• **원형 마찰법**(circular friction)

• **횡적/종적 마찰법**(transverse or cross-fiber friction)

• **엄지강찰**: 엄지의 지문표면을 이용해 근육 깊은 곳까지 풀어주는 동작

④ 진동법(vibration)

말초의 섬세한 모세혈관 및 신경간을 신경중추 부위에 적용하여, 그 기능의 높임과 동시에 릴렉스시키며 긴장을 이완시킨다.

⑤ 압박법(compression)

압박법을 부드럽게 할 것인지, 강하게 할 것인지를 신체의 부위 및 고객의 상태를 고려하여 시술한다.

• **표면**(superficial)

• **심부**(deep): 심부 압박은 근육 경련의 진정과 상응점, 즉 건(tendons)의 스트레스 포인트에서의 통증을 경감시켜 주는데 효과적이다. 더 나아가서 통점(trigger-point)치료에도 사용된다. 깊은 압박을 사용할 때의 주의 할 점은 반드시 고객의 통증역치 내에서 유지되도록 해야 한다.

⑥ 반죽하기(유연법, petrisage)

근육을 횡으로 쥐어짜듯 반죽하여, 뭉친 근육을 풀어준다.

⑦ 관절운동(joint movements)

발가락, 무릎, 엉덩이, 팔, 척추관절 또는 골반, 두개골 등과 같은 거의 움직임이 없는 신체 부위를 상하좌우로 운동시켜 인대 및 근육을 부드럽게 해 주는 기법이다.

- **수동관절 운동(passive joint movements)**: 고객이 상당히 이완되어 있는 동안에 행해지는 동작으로 테라피스트가 고객 신체 부위를 늘리고 부드럽게 움직이는 것이다. 또 섬유결합조직을 부드럽게 잡아당겨 주고 관절 동작범위 내에서 이루어지므로 관절의 가동 움직임을 향상시킨다. 이 동작은 고객이 느끼는 편안함의 수준 내에서 실시한다.
- **능동관절 운동(active joint movements)**: 고객에게 근육수축 운동에 적극적으로 참여하도록 유도한다. 이 운동은 고객의 가동범위 한계가 어디까지인가를 판정하는 수단이 되기도 한다.

2) 웰컴 튜 마사지

아로마테라피 시술 시 고객과 테라피스트 상호간의 마음을 열고 서로를 신뢰하는 단계이다. 관리사는 고객에게 최대한 집중하고, 고객은 관리사의 테라피에 집중하여 상호작용을 할 수 있도록 관리사와 고객과의 접촉 및 그 질(quality of touch)과 마사지 자체의 특성과 구성을 인식하는 단계이기도 하다.

웰컴 튜 마사지(welcome to massage)는 고객이 본 마사지에 들어가기 전 테라피스트를 신뢰하며, 그의 능력을 전적으로 믿어 자신의 몸과 마음 및 육체를 맡기는 의식이라고 생각하면 된다. 감싸진 타월 위에서 시술하는 것으로 관리사의 접촉을 느끼는 기(氣)테라피이다.

(1) 호흡유도하기와 압력구사하기

호흡은 신체의 자연적 리듬의 하나이다. 마사지를 실시하는 동안 호흡은 테라피스트의 기술 능력발휘에 있어서 중요한 요소로 작용한다.

고객이 테이블 위에서 편안하게 누울 수 있게 하고, 깊게 호흡할 수 있도록 권한다. 다음의 지시사항에 따라서 고객을 보조해야 한다.

고객에게 코로 숨을 깊게 들이마시게 하여 가슴을 확장시킨 후 숨을 몇 초 동안 참았다가 깊고 길게 내뱉게 하여 복식호흡을 유도시킨다. 고객의 호흡을 몇 차례 관찰 후 테라피스트는 고객의 호흡에 맞춘다. 몇 분 동안 자유로운 호흡을 지속한 고객은 긴장이 풀리고 스트레스가 감소될 것이다.

호흡은 긴장과 스트레스 증가를 알아차리는데 도움이 되고, 고객의 신체 상태와 민감성에 관해서 어떻게 마사지를 진행해 나갈 것인가를 결정하는데 도움을 준다.

테라피스는 고객의 조직상해 원인이 되는 강한 압력은 피해야 하며, 압력을 줄 때의 규칙은 가볍고 섬세한 접촉으로 시작하여 점차 마사지 부위에 압력을 증가시키고, 압을 조금 강하게 적용 할 때는 천천히 동작을 진행한다. 이렇게 함으로 긴장되고 압박된 느낌이 없도록 고객을 배려하여, 근육이 이완된 상태에서 시술을 받게 한다.

테라피스트가 고객의 근육과 연부조직의 긴장 또는 기능장애에 대해서 인식할 때 가장 먼저 살펴볼 것은 바로 고객이 어디가 어떻게 불편하고 긴장되어 있으며 그 통증의 정도가 어떤지를 확인하고 체크하는 일이다. 마사지 기술은 대체로 통증이 있는 부위를 손으로 직접 다루는 행위이기 때문에 고객의 불편하고 긴장된 근육을 한 번에 해결하려 들지 말고 점진적으로 나누어서 관리 해 줌으로 고객의 통증을 해결하도록 해야 한다. 그럼으로 고객의 통증 역치 이상의 더 많은 통증을 만들어 내는 마사지를 해서는 오히려 스트레스 기제가 되기 때문에 부드럽게 점진적으로 압력을 나누어 적용하는 것이 효과적이다.

아로마테라피 마사지의 주된 관심사는 근육과 신경을 릴렉스하여 스트레스를 경감시키고자하는 마사지임으로 가장 중요한 관심사인 '통증을 느끼지 않도록', 또는 마사지 관리 시 '불편하다고 느끼지 않는 범위' 에서 관리하는 것이 무엇보다도 중요하다.

(2) 울혈과 경련 및 어혈 등이 생기지 않도록 마사지한다.

아로마테라피 관리 시 말초에서 심장으로 표면에서 심부로 다시 표면으로 마사지하는 것을 원칙으로 한다. 이는 아로마테라피가 경직된 신체 부위를 이완시키고 고객의 정서적(emotional), 심리적(psychological), 육체적(physical), 릴렉스(relax)를 갖게 하는 마사지임을 잊어서는 안된다. 그럼으로 지나친 자극에 의한 울혈(congestion)과 경련(spasm) 및 어혈 등이 생기지 않도록 주의를 기울인다.

(3) 웰컴 튜 아로마 마사지 순서

- 신체 부위에 접촉하여 긴장을 풀어준다.
- 가벼운 경찰법(effeurage) 위주의 테크닉을 고객의 감싼 타월 위에 구사한다.
- 동작의 실행과 강화를 위해 운동성(mobility)을 회복시키는 관절운동을 실시하고, 동시에 관절운동을 통해 근육과 결합조직(connective tissue)을 이완시켜 관절을 부드럽게 해준다.
- 고객에게 필요한 에센셜 오일을 캐리어 오일에 블랜딩하여 마사지 윤활제로 사용하여 부드러움을 제공한다.
- 고객의 신체가 테라피스트와 접촉에 익숙해지도록 부드러운 경찰법을 실시하되 림프(lymph)의 흐름과 정맥혈(venous blood)의 흐름을 유도하기 위해 심장에서 먼 말초에서 심장 방향으로 마사지 한다.
- 마사지 부위가 붉어져서 홍조를 띠면 다시 부드러운 경찰법을 실시한다.
- 권장되는 마찰기술과 함께 마찰법(frction)을 부분적으로 활용 할 수 있다.
- 마사지를 통해 분리된 부위가 결합 및 통합되도록 몸 전체 부위에 다시 한 번 경찰법을 실시한다.
- 가벼운 스트로크를 실시한다. 이 방법은 말초신경계를 자극하고, 에너지 영역을 부드럽게 하며, 해당 신체부위에 마사지 종료를 알리는 것이다.
- 마사지가 끝난 신체 부위를 다시 터치함으로 마무리한다.

정리하기

아로마테라피 시 고객상담이 왜 중요한지에 관해 약술하고 고객상담 시 절차에 관해 설명하시오.

등 마사지 시술 순서

1 경추 부위에서 시작되어 등 전체를 쓰다듬은 후 천골 부위를 양 엄지로 문지른 후 등 측면을 따라 올라온다.

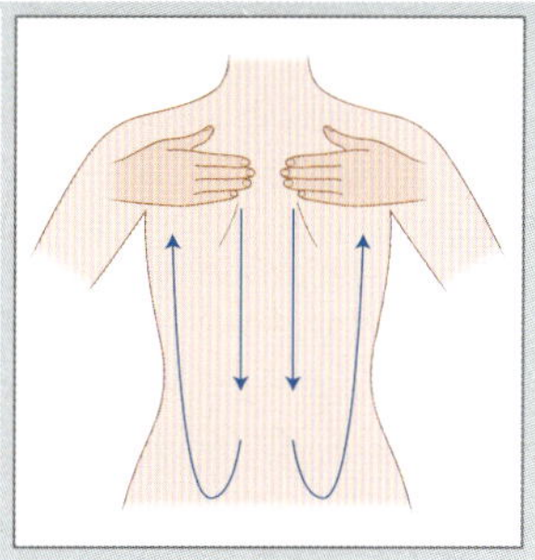

2 반 주먹을 쥔 상태에서 문지른 후 측면을 타고 올라온다.

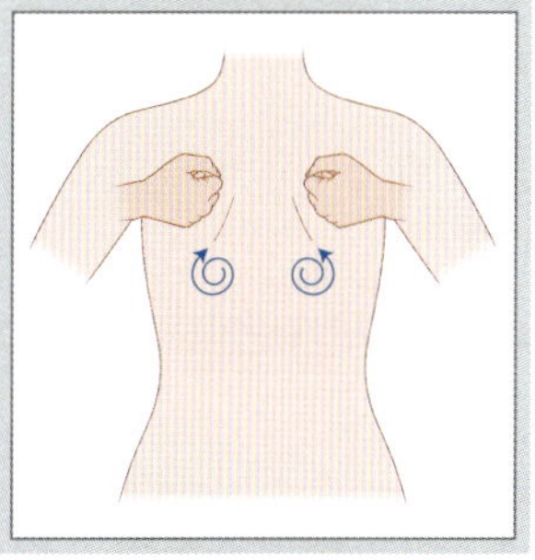

3 한 손은 위에 다른 한 손은 아래에 대고 빗켜 가면서 위·아래로 길게 쓰다듬는다.

4 1번 반복실시

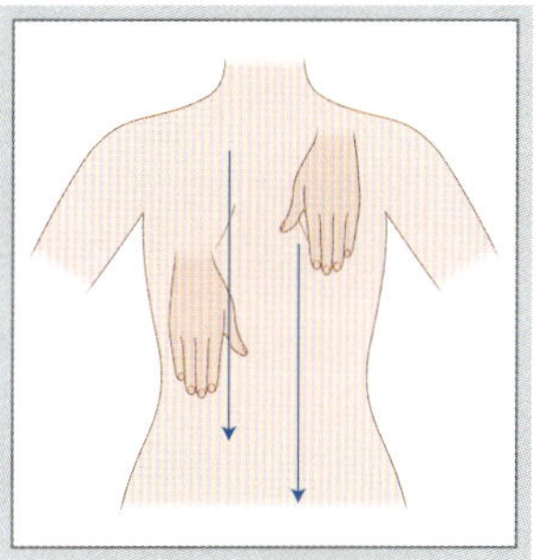

5 등의 양 측면을 나누어 허리선부터 옆선을 따라 반죽한다.

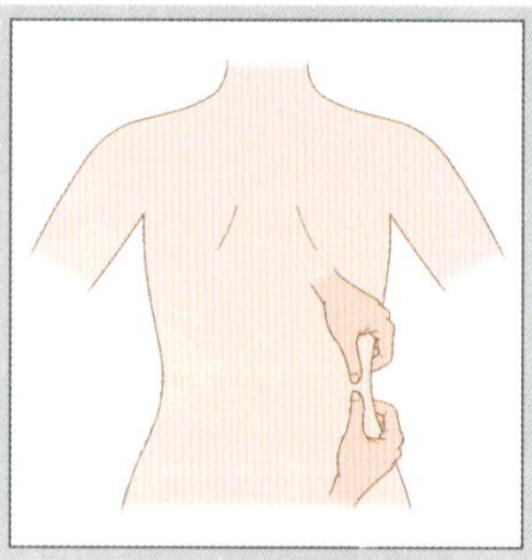

6 허리에서 양 엄지로 기립근을 따라 훑어준다.

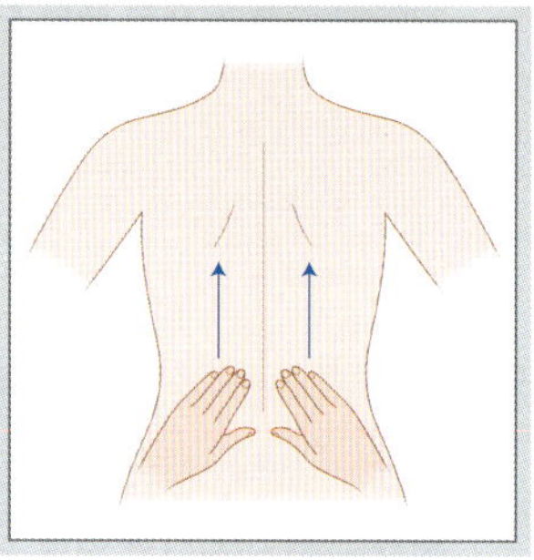

7 견갑골 부위를 네 손가락을 이용해 깊게 쓸어 올려준다.

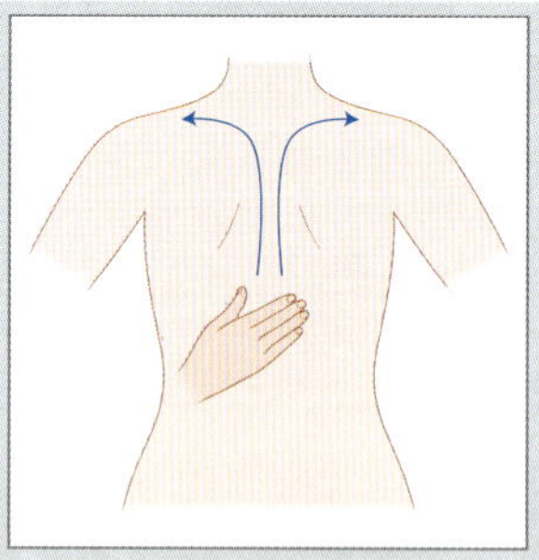

8 견갑골 부위와 어깨 부위에 양 손을 포개어 대고 팔자 모양으로 돌려준다.

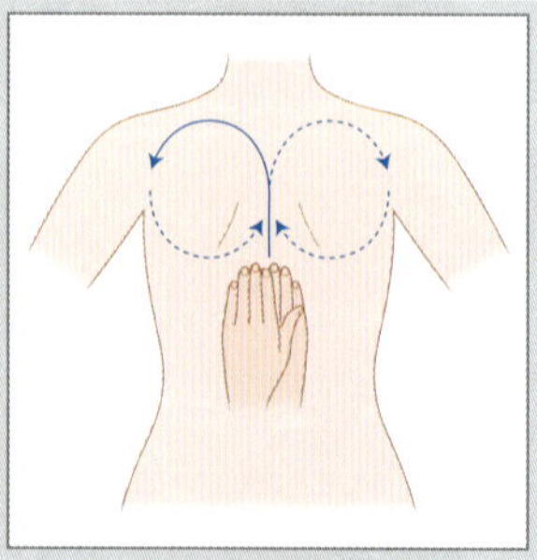

다리 후면

1 양 손바닥으로 다리 뒷면 전체에 대고 쓰다듬은 후 측면으로 내려온다.

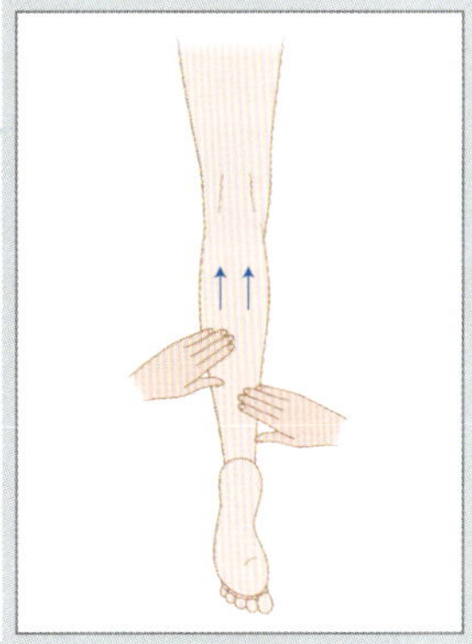

2 양손 엄지로 다리 중심을 쓰러올려 준 후 손을 교차한 후 측면으로 내려온다.

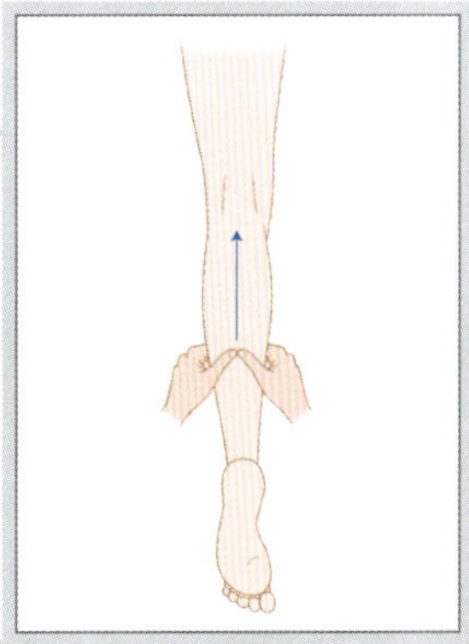

3 반주먹 쥔 양손으로 발목에서 무릎까지 문지른다.

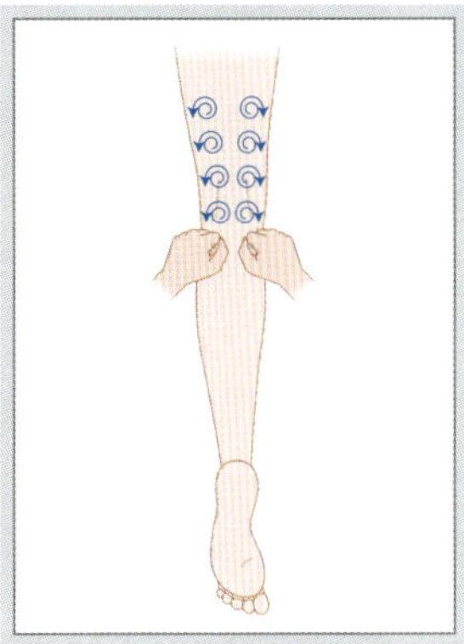

4 대퇴부 부위를 반주먹으로 원을 그리며 문지른다.

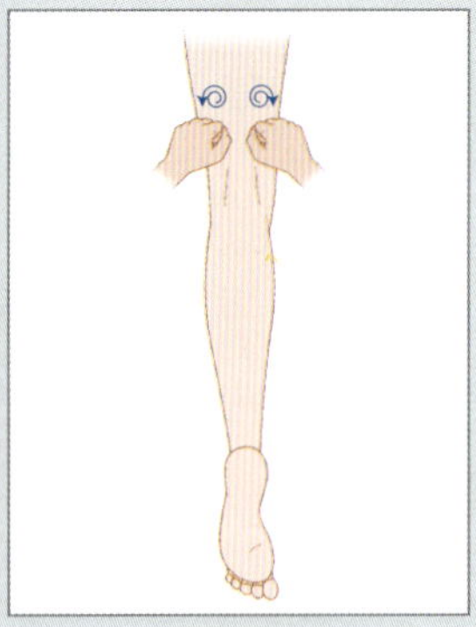

5 대퇴부 부위를 반죽한다.

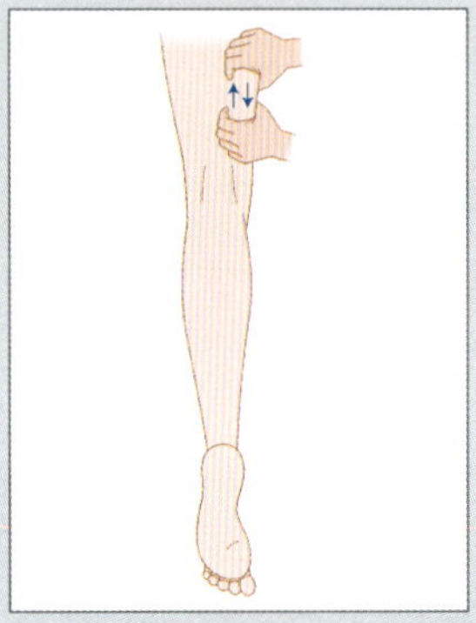

6 무릎에서 대퇴부까지 쓰다듬는다.

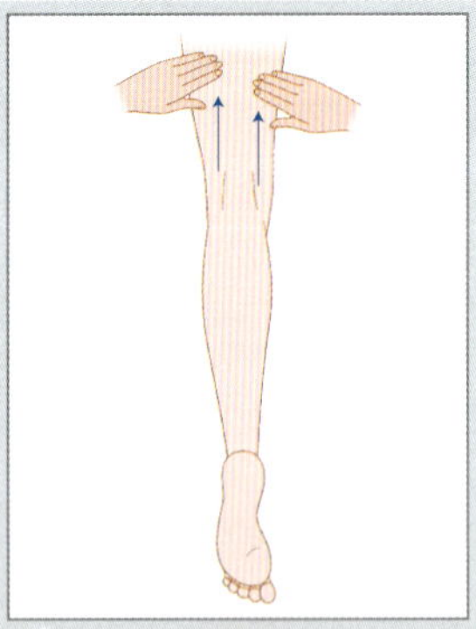

7 1번 반복한 후 아래를 향하여 가볍게 터치하면서 내려온다.

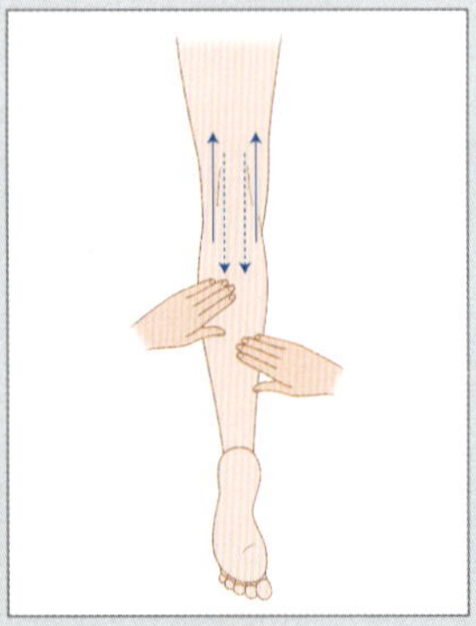

다리 전면

1 양 손바닥으로 발목에서 시작하여 대퇴부 끝까지 쓸어올려준 후 측면으로 내려온다.

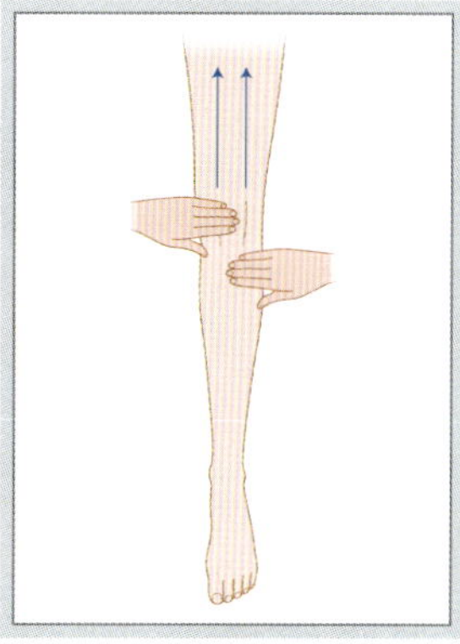

2 발등과 발바닥을 감싸면서 쓰다듬는다.

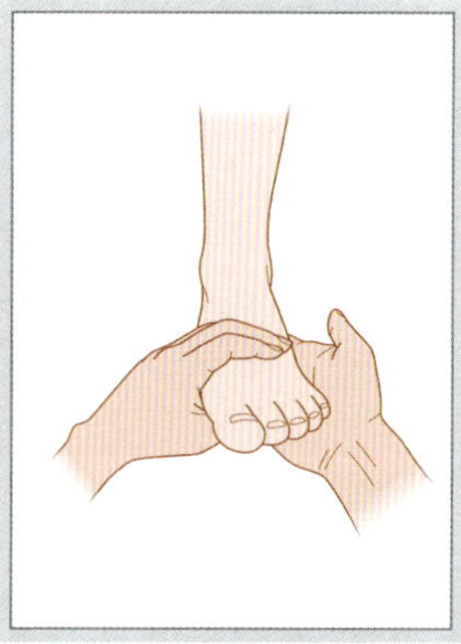

3 발가락을 문지른 후 발가락과 발등뼈 사이(종족골) 사이를 양 엄지를 이용해 문지른다.

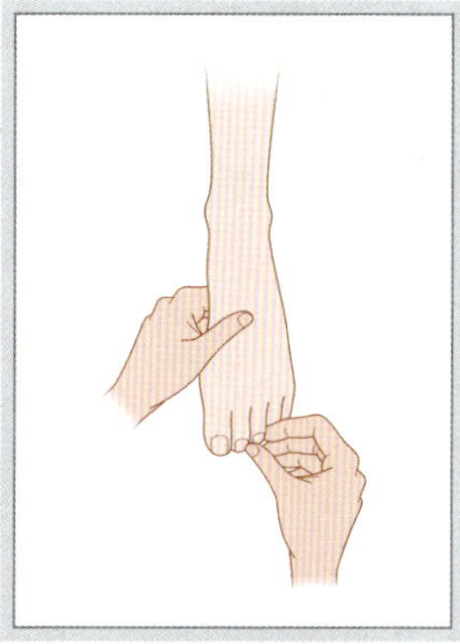

4 복숭아뼈 둘레를 네 손가락을 이용해 원을 그리며 문지른 후 살짝 지압한다.

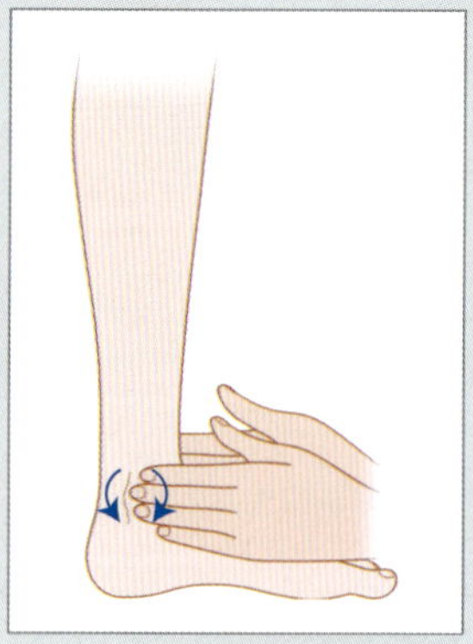

5 한 손은 발을 받치고 발뒤꿈치 부위를 아래에서 위로 문지른다.

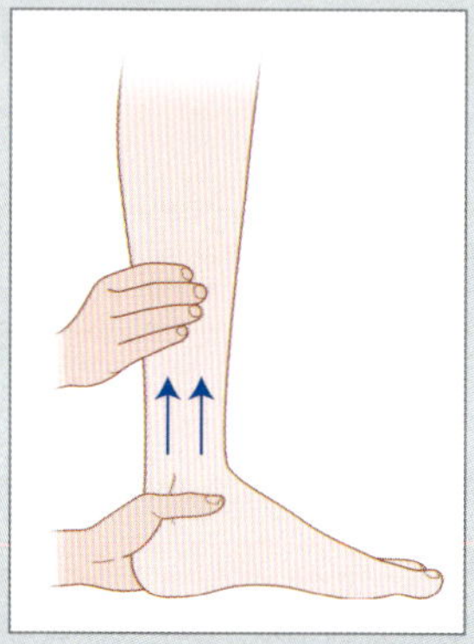

6 양 손바닥으로 발목에서 무릎까지 쓰다듬는다.

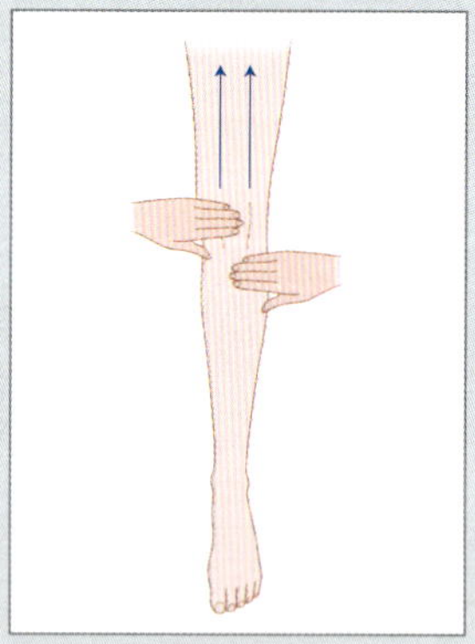

7 고객의 다리를 세운 후 네 손가락을 이용해 아래에서 위로 쓸어올린 후 무릎 아래로 내려온다.

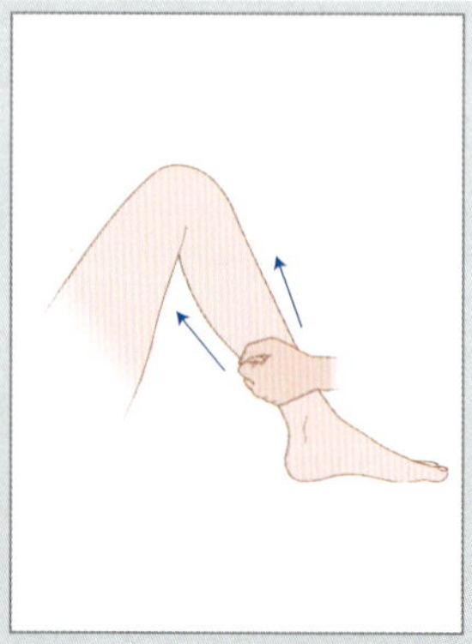

8 네 손가락을 이용해 종아리 부위를 문지른 후 무릎 아래로 내려온다.

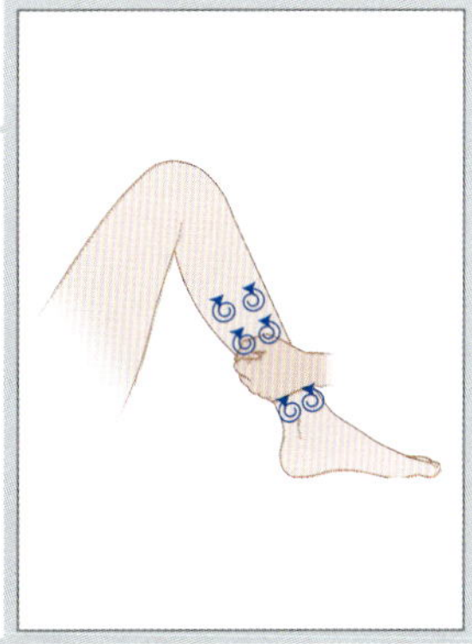

9 대퇴부 부위를 세 부분으로 나누어 엄지와 네 손가락을 이용해 반죽한다.

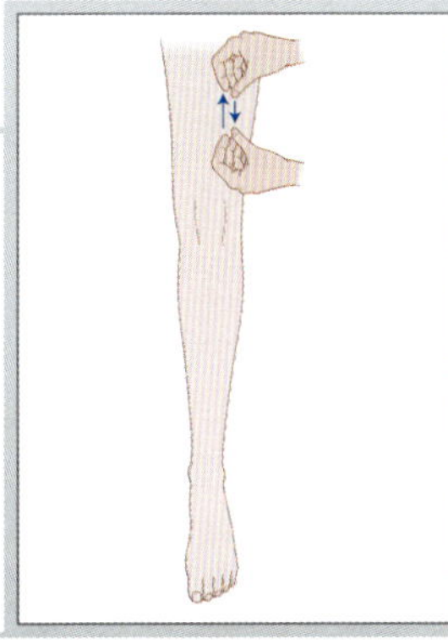

10 발 전체를 흔든 후 발가락을 한 개씩 당겨주고, 다시 한 번 흔든 후 놓는다.

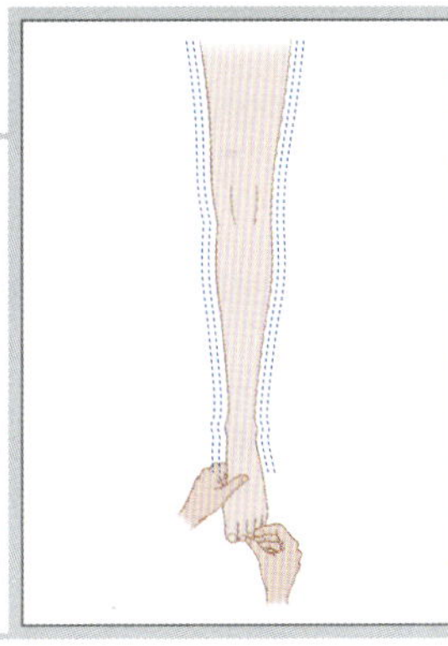

복부관리 시술 순서

1 배꼽 아래에서부터 배꼽 위 부분까지 양손을 이용하여 올라갔다가 허리부위를 감싸면서 내려온다(3회 정도 반복).

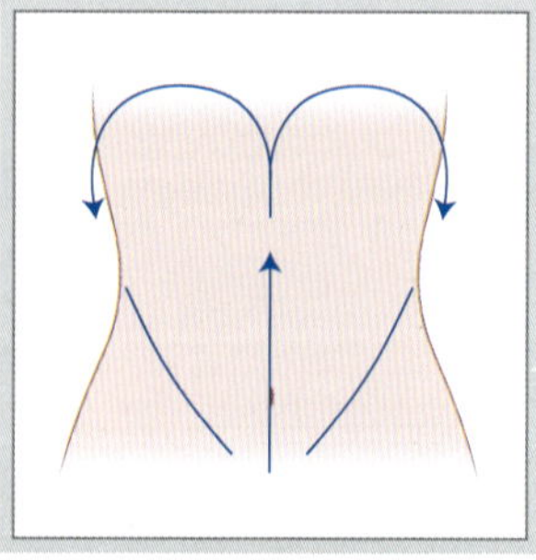

2 시계방향으로 오른손은 반원을 왼손은 계속 큰원을 그리면서 쓰다듬어 준다.

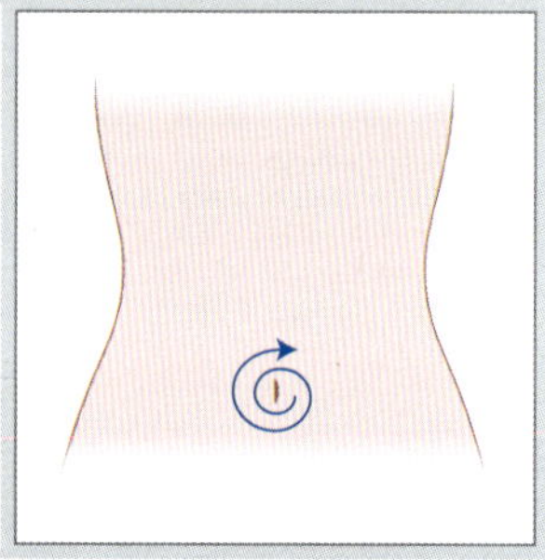

3 양 허리 부위를 양손가락을 이용하여 쥐어짜기 동작으로 비틀며 주물러 준다.

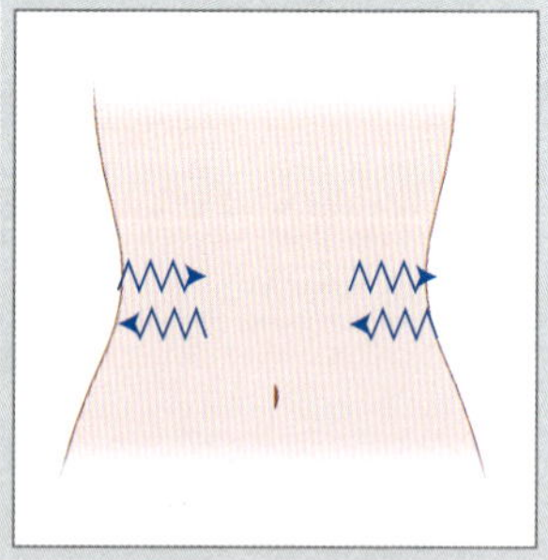

4 손바닥 전체를 이용하여 복부를 가로질러 밀고 당기는 동작을 한다.

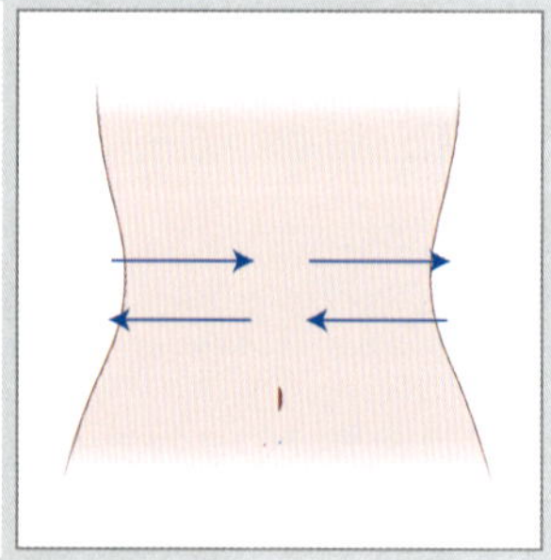

5 다이아몬드 모양을 따라 손바닥 전체를 이용하여 쓰다듬기 동작을 한다.

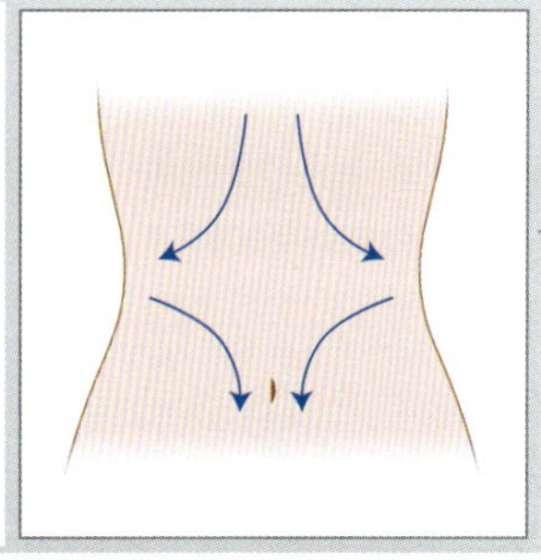

6 손바닥 전체를 이용하여 복부중앙선을 늑골 밑에서부터 아래로 쓰다듬기 동작을 한다.

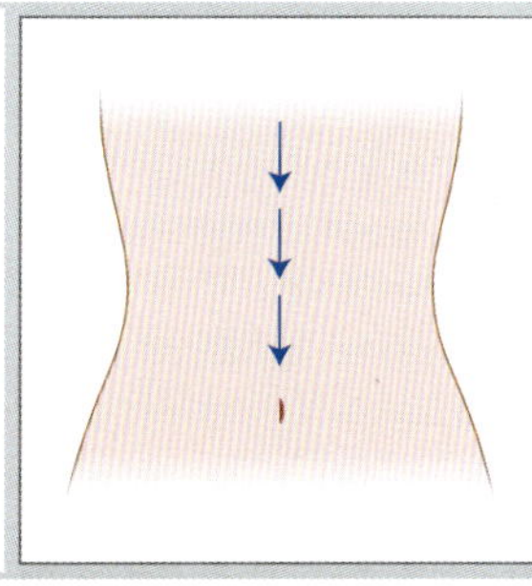

7 다시 1번 동작과 2번 동작을 반복한다.

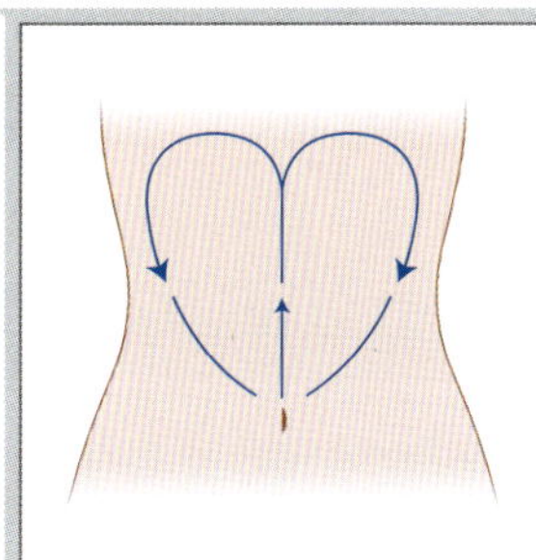

8 배꼽 부위에서 오른손을 컵 모양으로 진공 상태로 만들어 약간 흔들었다가 뗀다.

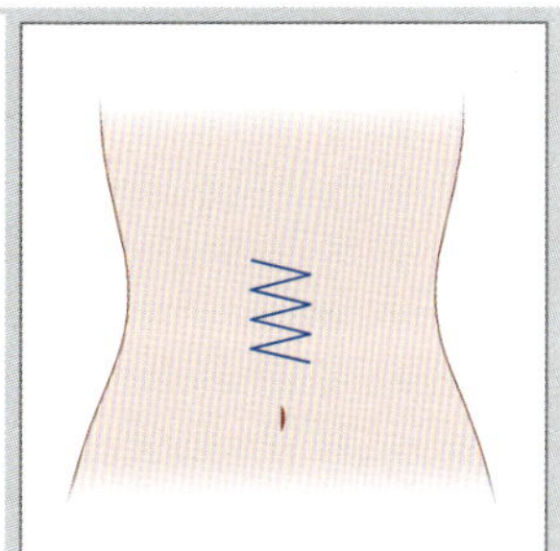

팔 마사지 시술 순서

1 한 손은 손목을 잡고 다른 손으로 팔의 내외측을 나누어 손목에서 어깨까지 쓰다듬는다.

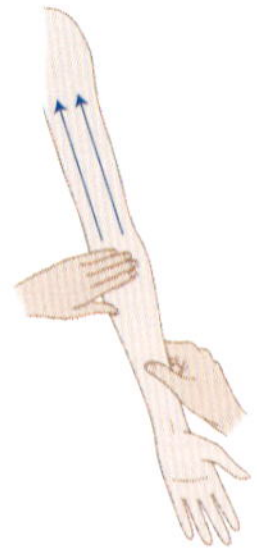

2 네 손가락은 피시술자의 손바닥에 고정하고 엄지로 손등 전체를 쓰다듬는다.

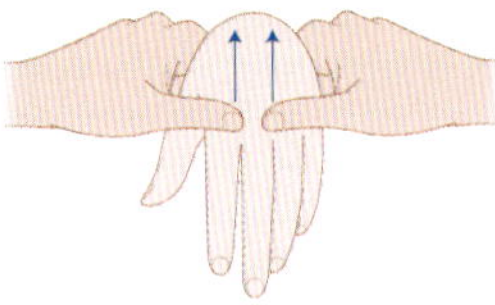

3 한 손은 고객의 손목을 잡고 엄지를 이용해 손가락을 차례대로 그리며 문지른다.

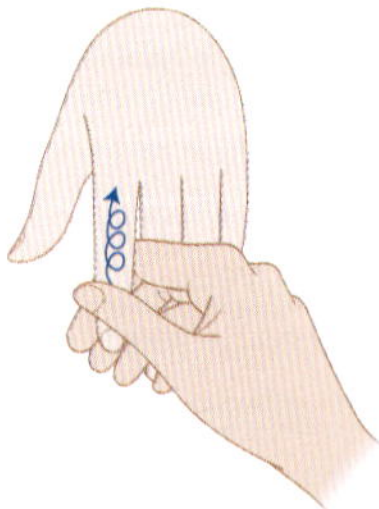

4 양 엄지로 중수골 사이사이를 문지른다.

5 2번 반복

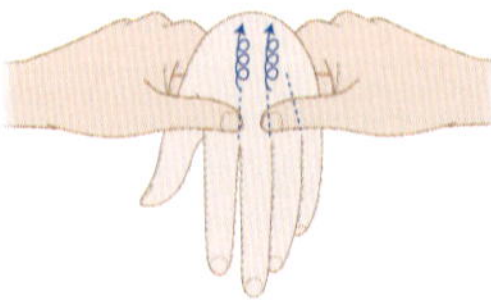

6 손바닥 양 측면을 문지른 후 가운데를 지압한다.

7 2번 반복

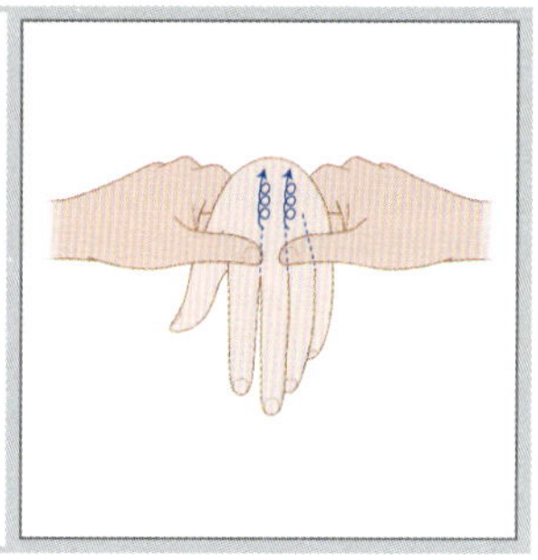

8 검지와 중지 사이를 손가락을 끼운 후 손가락 전체를 훑어준 후 손가락 끝에서 튕겨준다.

9 1번 반복

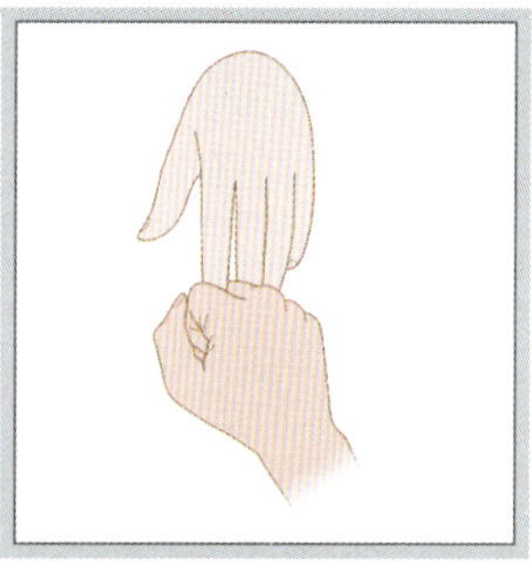

10 한 손은 팔목을 잡고, 손목에서 팔꿈치까지 안과 밖으로 나누어 문지른다.

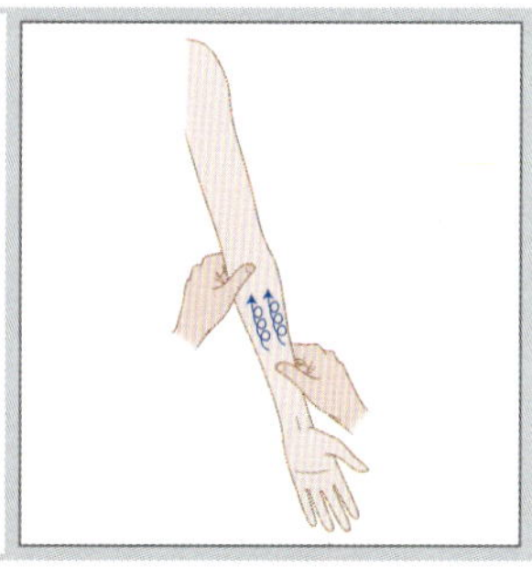

11 양 손바닥을 마주보게 한 후 손목에서 팔꿈치까지 서로 어긋나게 틀면서 반죽한다.

12 1번 반복

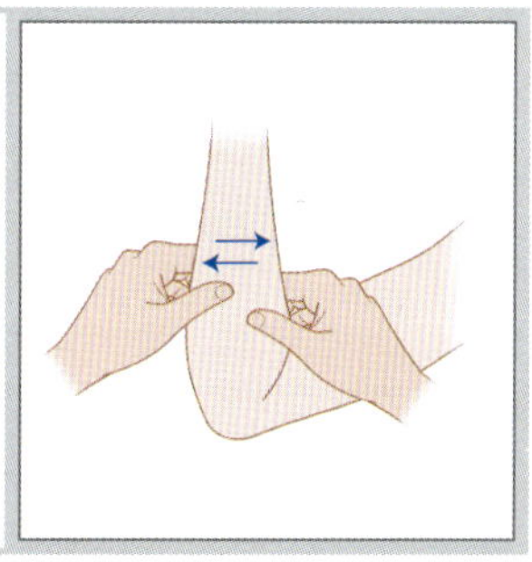

13 1번 반복한 후 위에서 아래로 향하여 쓸어내린다.

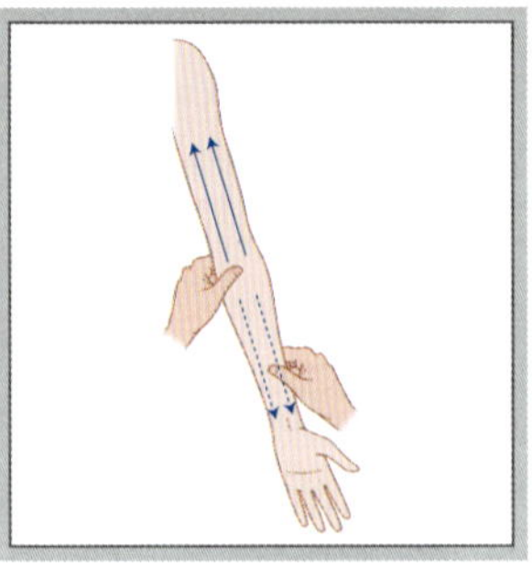

CHAPTER 7

아로마테라피를 위한 인체해부생리학

학습목표

아로마테라피 시 인체의 구조와 생리에 관해 설명할 수 있다.

인체는 복잡한 구조적 단계의 결합체라 할 수 있는데, 물질의 기본 단위가 되는 원자, 몇 개의 원자들이 모인 분자, 이 분자들이 모여 거대한 분자를 이루고 있는 생체고분자 화합물로 되어 있다. 이들 생체고분자들이 모여 세포대사와 합성기능을 수행하여 소화기관 및 화학적 단계로 또한 각각의 소기관의 기능을 수행하는 현미경의 기본 단위가 되는 세포 단계로 구성되어 있다(그림 7-1).

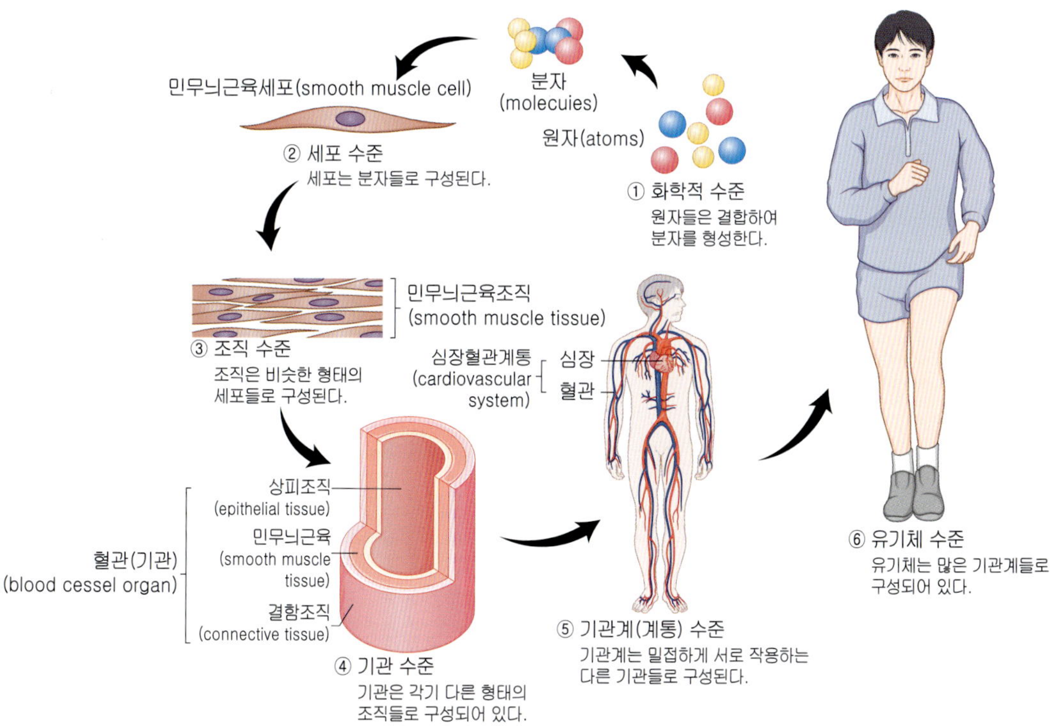

그림 7-1 인체의 구조

1. 세포

세포는 살아 있는 생명체의 구성단위나 구조를 설명하는 기본단위이다. 인체에 약 수십억 개 이상으로 구성되어 있고, 주로 탄소(C), 수소(H), 산소(O), 질소(N) 및 소량의 철(Fe), 나트륨(Na), 칼륨(Cl), 칼슘(Ca) 등의 유기화합물과 금속화합물의 합으로 구성되어 있다.
우리 몸을 구성하는 세포에 있는 성분 중에서 약 60%가 물로 이루어져 있으며, 세포에는 근육세포, 신경세포, 지방세포 및 피부세포 등이 존재한다(그림 7-2).

단 한 개의 세포는 원래의 크기 이상으로 성장을 하지 않으며, 세포분열을 통하여 2개의 세포를 만들게 된다. 이러한 세포분열을 통해 만들어진 수많은 세포들은 조직을 이루게 되며, 이러한 조직들이 모여서 기관을 형성하게 된다. 이러한 많은 기관들이 모여서 하나의 계를 이루게 된다.

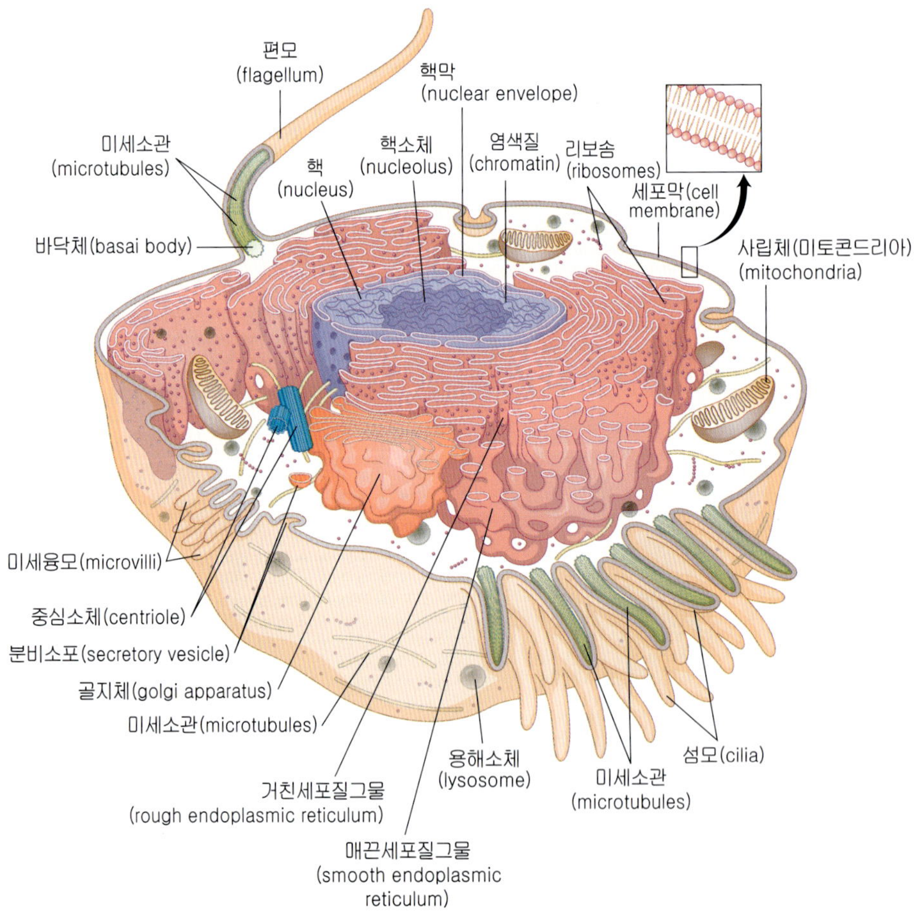

그림 7-2 세포의 구조

2. 조직

세포는 분화단계를 통해 특정 기능을 수행하도록 구체적으로 지정된 약속에 의해 증식해 나가는 동안 유사한 구조와 기능을 가진 세포들이 합해져 특정 기능을 수행할 수 있도록 조합된 세포의 집단을 조직이라고 한다.

조직은 신체를 싸고 있는 상피조직, 인체를 지지하는 작용을 하는 결합조직, 운동을 담당하는 근육조직, 통제기능을 담당하는 신경조직으로 구성되어 있다.

3. 외피계통

외피계통(integumentary system)은 피부와 피부부속기관이라고도 칭하는 피부, 손, 발톱, 땀, 기름 등을 분비하는 샘을 말한다(그림 7-3).

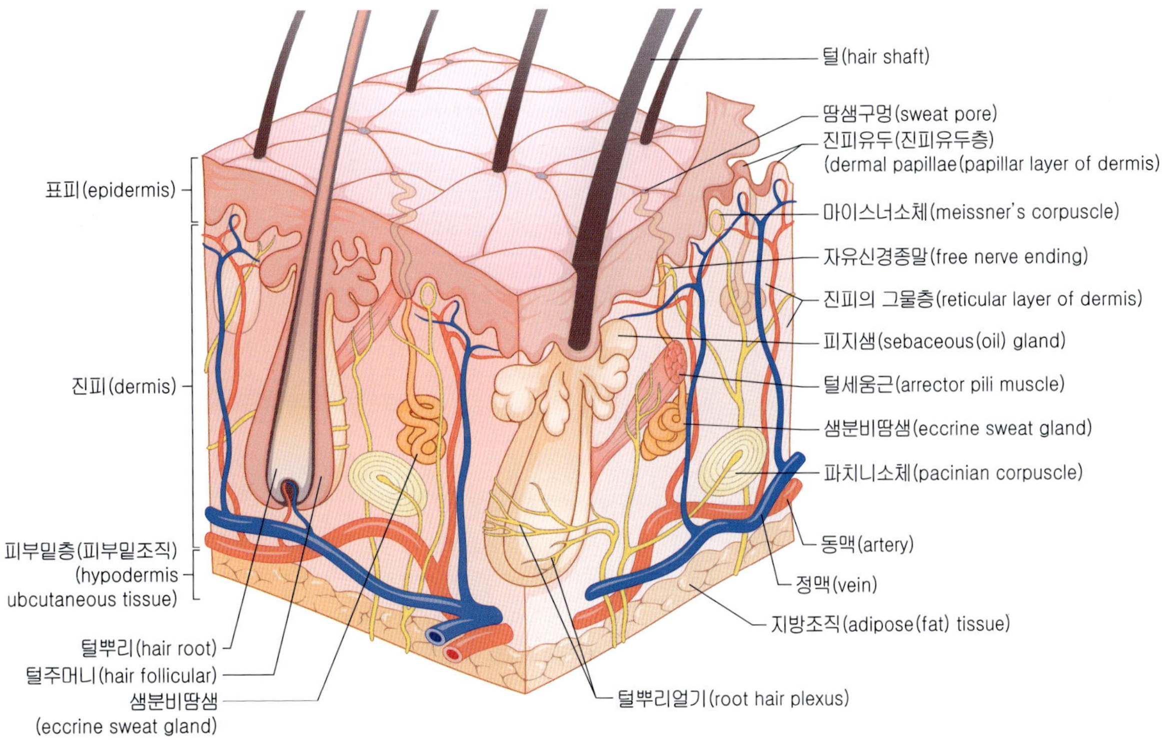

그림 7-3 피부의 구조

1) 피부

피부는 외부로부터 인체를 보호하는 기능 및 방수역할을 한다. 이러한 피부는 여러 층들로 이루어져 있다. 이러한 층들은 표피층, 진피층 그리고 피하층으로 이루어져 있다.
표피층은 5개 층으로 아래와 같이 구성되어 있다.

표피층의 구성

층	위치	특징
각질층 (horny layer or stratum corneum)	표피의 가장 바깥쪽	비늘 모양의 사멸된 세포가 쌓여 구성된 층
투명층 (clear or stratum lucidum)	각질층 아래	손, 발바닥에 존재, 무색, 무핵의 납작하고 투명한 2~3층의 상피세포
과립층 (granular layer or stratum granulosum)	투명층 아래	수축된 각질섬유와 오그라든 핵을 가진 편평한 과립상 세포들의 3~5층
유극층 (prickle cell layer or stratum spindosum)	과립층 아래	중앙에 위치하는 많은 세포층, 크고 타원형의 핵과 발달된 각질섬유, 세포들은 편평해짐
기저층 (stratum germinativum)	표피의 가장 깊은 층	유사분열을 하는 입방세포나 원주세포의 단일층, 색소를 만드는 멜라닌 생성세포의 존재

진피층은 우리 몸의 진짜 피부층으로 '가죽' 이라고 할 수 있으며 혈관의 분포가 발달되어 있어 영양분을 받으며 콜라겐과 엘라스틴의 결합물질로 피부의 수분보유 능력과 탄성을 관장하는 메트릭스 역할을 담당한다.

2) 표피의 구성물

피부의 구성물

구성물	설명 및 기능
털세움 근	모낭(hair follicle)에 붙어 있는 작은 근육으로 날씨가 춥거나 공포감이 들 때 모낭근을 수축시킴으로 털을 세워 소름과 같은 증상을 나타나게 하는 근육이다.
에크린선	인체 피부의 모든 부분에 존재하는 땀구멍으로 땀샘이다. 땀은 물(water), 염(salt), 질소 및 유해분비물(toxin)으로 구성되어 있다.
아포크린선	인체의 겨드랑, 음부, 귀 뒤, 항문 주변, 유륜 등에 발달된 커다란 땀샘이다.
피지선	피지선은 지질로 이루어진 피지를 만드는 곳으로 피부를 촉촉하고 건조하지 않게 하는 보습 기능을 갖는다.
감각신경말단 및 운동신경말단	인체 피부의 모든 부분에 감각신경말단이 존재하며, 특히 손가락 끝과 발끝, 입술에 많으며 물건의 접촉, 열 그리고 추위 등을 감지할 수 있게 해준다. 이때 뇌에서는 다시 신경신호를 운동신경말단으로 전달하여 에크린선과 털세움근 그리고 피지선들이 기능을 하도록 자극한다.
혈관	혈관을 통하여 혈액은 심장으로부터 말초까지 인체의 모든 곳에 흐르고 있으며, 인체의 모든 곳에 산소와 영양분을 공급하는 역할을 담당한다.

3) 피하층

피하층은 기저층 아래에 위치하며, 대부분 지방조직(adipose tissue)으로 구성되어 신체 내부 및 장기를 외부로부터 보호하는 기능을 담당한다.

4) 피부의 기능

피부의 기능	
기능	설명
보호	피부는 인체내부기관을 보호하는 기능 외에 유해한 박테리아의 공격으로부터 인체를 보호한다. 또한, 멜라닌을 분비함으로써 유해한 UV로부터 인체를 보호한다.
흡수	피부는 방수기능을 가지고 있지만 호르몬제, 저분자 화합물 등 피부의 기저층을 통과할 수 있다. UV 역시 피부의 기저층을 통과한다.
분비	피지선으로부터 피지가 분비되고, 분비 된 피지는 피부보습과 방수 및 방어에 중요한 역할을 한다.
전율	전율은 근육을 수축시킴으로써 열을 발생시켜 인체를 따뜻하게 한다.
발한	체내 온도가 높아지면 에크린선으로 부터 땀을 인체 밖으로 배출시켜 체온이 떨어지도록 한다.
감각	감각신경말단은 신경신호를 뇌로 전달하여 인체가 여러 감각에 대해 반응하도록 하며, 사물의 형태 및 질감 등을 인지하게 만든다.
체온 조절	인체는 많은 열에 노출되어 있을 때, 혈관이 혈류를 증가시켜 열이 배출되도록 하여 체내 온도를 높인다.
배설	에크린선으로부터 땀이 피부 밖으로 배설되어진다. 피부 밖으로 배설된 땀은 90% 이상의 수분과 유해분비물과 염, 질소 등으로 구성되어 있다.
혈관 확장	인체가 추위를 느끼게 되면 혈관수축 현상이 일어나 모세혈관으로 공급되는 혈류를 감소시켜 피부로부터 열손실을 감소시킨다.
비타민 D	UV는 피부로 흡수가 되어 피부 안에서 비타민 D를 만드는데 중요한 역할을 하며 인체골격 유지에 중요한 기능을 한다.

4. 골격계통

골격계는 인체의 뼈와 관절로 구성되어 신체를 지지해주며 골격근육은 운동이 가능하도록 뼈를 둘러싸고 있으며 뼈를 보호한다(그림 7-4).

성인 인체에는 206개의 뼈로 구성되어 있으며 이러한 뼈는 30%의 콜라겐(collagen), 소량의 미네랄(mineral)과 미량원소 및 60% 정도의 물(water)로 구성되어 있다.

뼈와 뼈가 만나 관절이 형성되며 관절의 가동을 가능하도록 건이나 인대로 보호되어 있다.

인체의 골격은 다음과 같이 분류될 수 있는 여러 가지 뼈들로 구성된다.

- **단골**(short bones): 수근골, 족근골
- **장골**(long bones): 전완, 대퇴 등의 뼈
- **편평골**(flat bones): 두개골, 흉골

1) 골격의 기능

골격의 기능은 아래의 표에 기술되어 있다.

골격의 기능	
기능	설명
보호	외부 충격으로부터 인체 내의 기관들을 보호한다. 즉, 갈비뼈는 심장과 장기를 보호하며, 두 개의 뼈는 뇌를 보호한다.
지지대 및 형태유지	인체의 모든 조직들의 무게를 지탱하는 지지대 역할을 하며 인체의 형태를 유지시킨다.
혈구세포 생산	적혈구, 백혈구 그리고 혈소판 등이 뼈의 적골수(red bone marrow)로부터 만들어 진다.
근육 및 힘줄 접착	대부분의 골격근의 힘줄에 대한 접착 부위를 제공한다.
움직임	골격근이 움직이게 되면 골격근이 뼈를 움직여 움직임을 만들게 된다.
미네랄 저장	뼈는 뼈의 내구성에 중요한 미네랄인 칼슘과 인산을 저장하는 저장소이다.

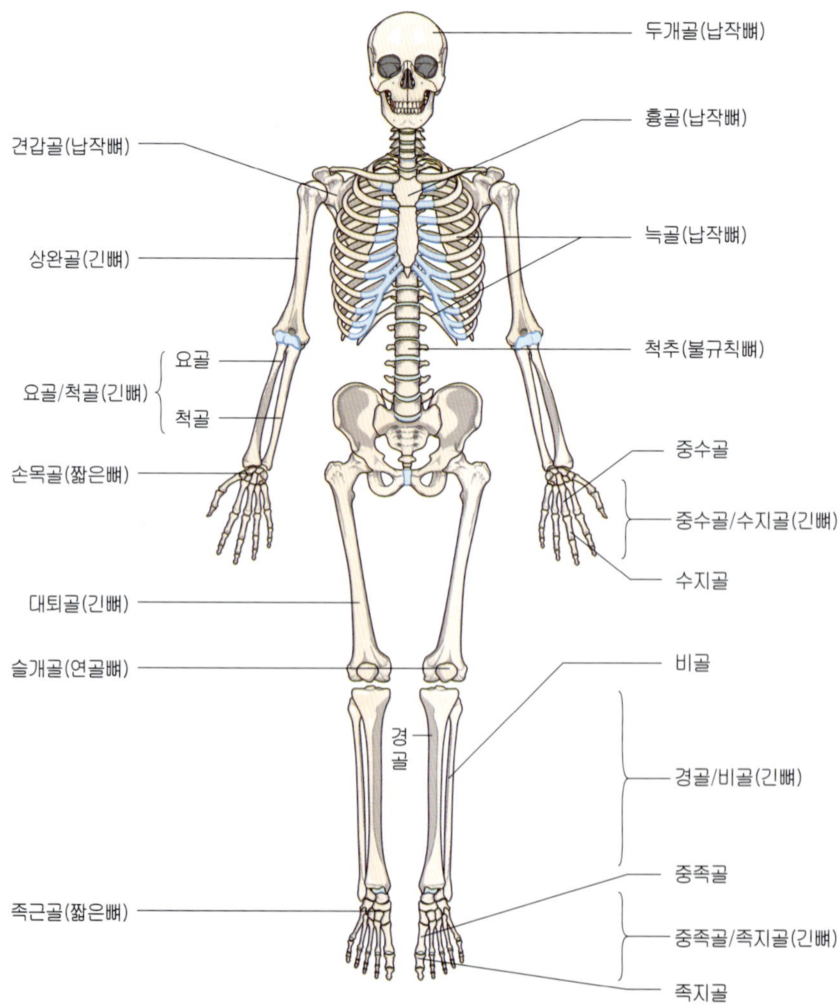

그림 7-4 골격계통

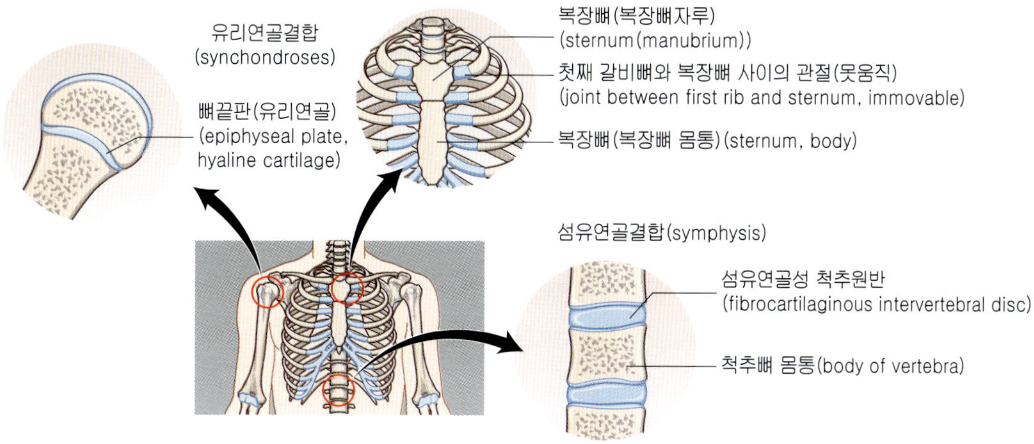

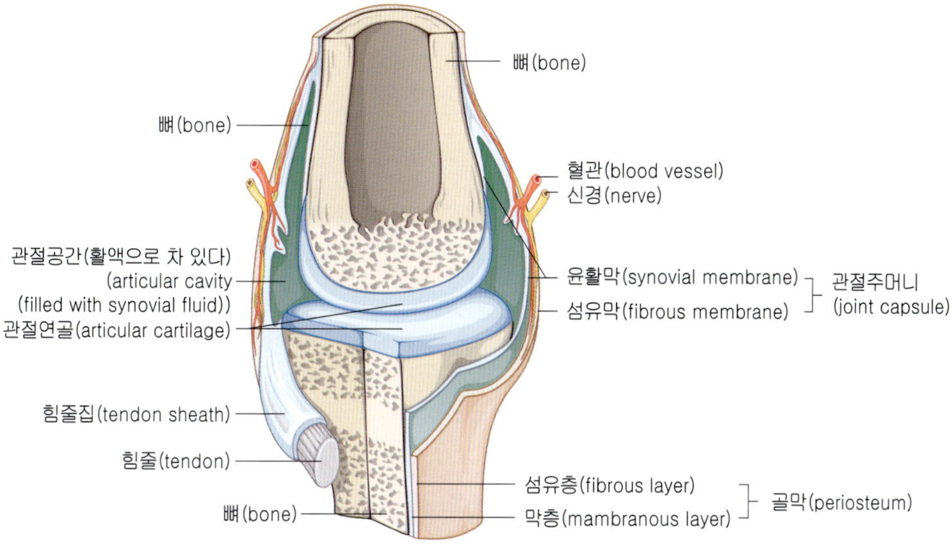

그림 7-5 윤활관절의 구조

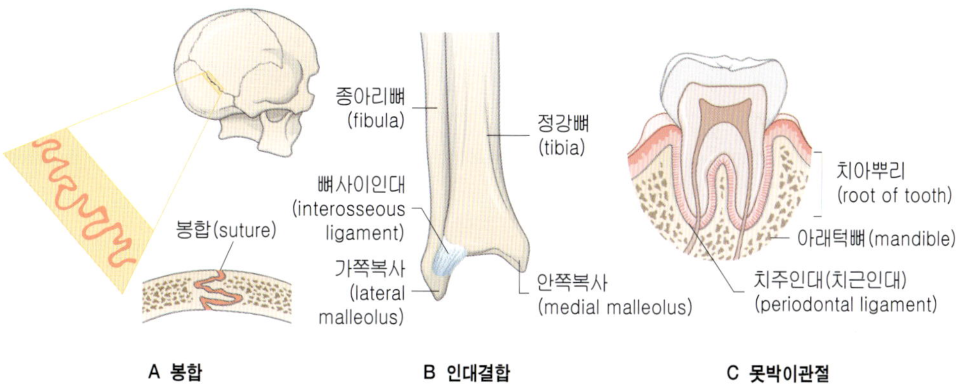

그림 7-6 섬유관절의 구조

2) 인체의 관절

관절은 인체의 많은 유형의 움직임을 만드는데 기여하며 인체 내에서 2개 이상의 뼈를 연결시켜 운동에 관여한다.

관절은 대부분 섬유질로 구성되어 있고 그 종류로는 3가지 유형이 있다. 첫째, 인체의 대부분 관절들은 움직임이 많은 윤활성 관절(synovial joint)로 골반(그림 7-5), 어깨 그리고 무릎관절 등이 속한다. 둘째, 움직임이 없는 섬유성 관절(fibrous joint)로 두개골이 이에 해당한다. 셋째, 약간의 움직임이 있는 연골성 관절(cartilaginous joint)이며 이에 척추가 대표적이다(그림 7-6).

관절 움직임을 설명하는데 몇 가지 기본적인 용어는 아래와 같다.

관절	기능
내전(adduction)	인체 중심축으로 향하는 움직임
외전(abduction)	인체 중심 밖으로 멀어지는 움직임
굴곡(flexion)	인체를 구부리게 만드는 움직임으로 하나의 관절에 연결된 뼈들 사이의 각도가 감소한다.
신전(extension)	굴곡의 반대용어로 하나의 관절에 연결된 뼈들 사이의 각도가 증가하고, 관절에 의한 인체 부분이 펴진 상태를 말한다.
회외전(supination)	팔뚝을 회전시킴으로써 손바닥을 위쪽으로 돌리는 움직임
회내전(pronation)	팔뚝을 회전시킴으로써 손바닥을 아래쪽으로 돌리는 움직임

5. 근육계통

근육은 인체 몸무게의 40~50%를 차지하며 600개 이상이 존재하고 있으며, 주된 기능은 움직임과 체형유지 그리고 인체에 체온을 공급하는 것이다.

근육계는 내생각대로 움직이지 못하는 불수의근(involuntary muscle), 심장을 둘러싸고 있는 심근(cardiac muscle) 그리고 내 의지로 움직이는 수의근(voluntary muscle)이라 불리는 골격근(skeletal muscle)등 3가지 유형의 근육들로 구성되어 있다. 특히 수의근은 근막(fascia)이라고 알려진 섬유질성의 보호막으로 덮어져 있고 근막은 힘줄을 형성하여, 근육을 뼈에 부착시키는 기능을 한다(그림 7-7).

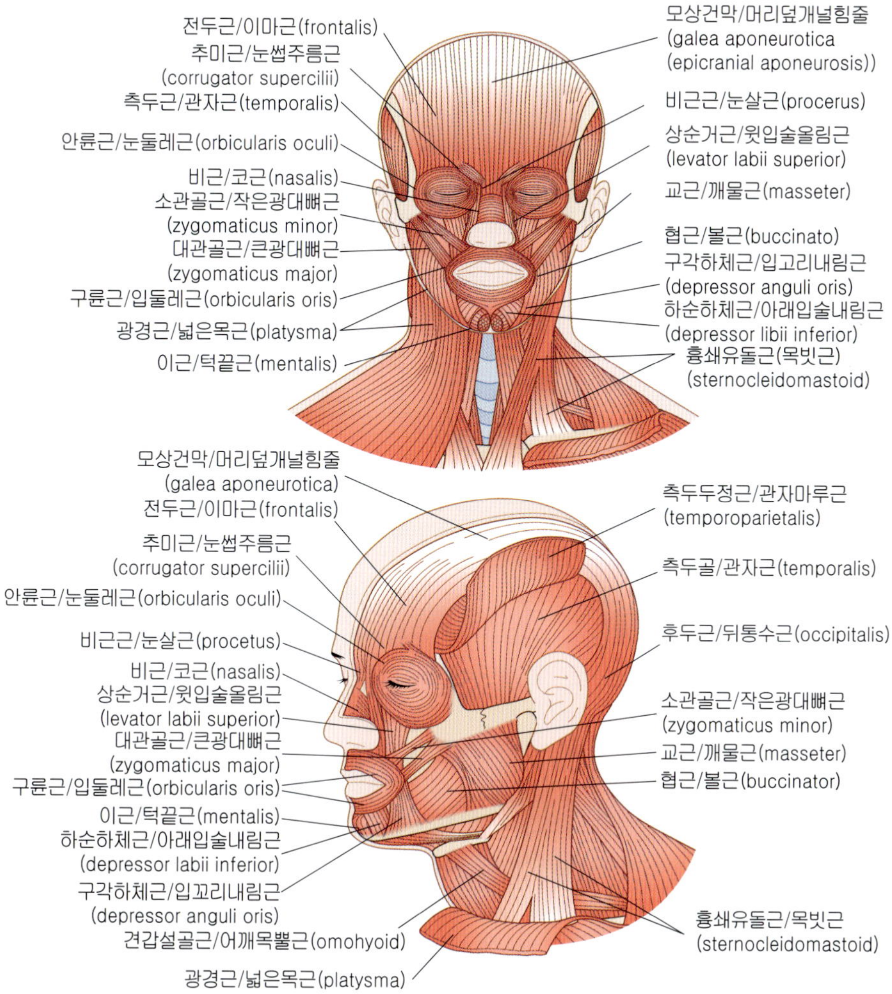

그림 7-7 머리와 목의 근육과 얼굴표정 근육

1) 안면근육

전두근

- **위치:** 이마의 아래 방향으로 존재한다.
- **역할:** 두피를 당기며 눈썹을 들어 올려 표정 기능을 한다.
- **기시:** 머리 위 부위
- **정지:** 이마의 눈썹 부근과 코의 뿌리 부위

협근

- **위치:** 양 볼과 입술의 양쪽에 존재한다.
- **역할:** 입술을 앞으로 내밀 때 볼을 당기는 기능을 한다.
- **기시:** 광대 활 모양 넓은 근육
- **정지:** 입 꼬리

소관골근

- **위치:** 입술의 양쪽면에서 대각선으로 존재한다.
- **역할:** 미소를 지을 때, 입술의 양쪽 끝을 바깥쪽으로 움직이는 기능을 한다.
- **기시:** 귀밑샘 근막
- **정지:** 입 꼬리

안륜근

- **위치:** 눈 둘레에 존재한다.
- **역할:** 눈을 감게 하는 기능을 한다.
- **기시:** 눈 안쪽 모서리
- **정지:** 눈꺼풀, 가쪽 눈꺼풀

교근

- **위치:** 양 볼에 존재한다.
- **역할:** 음식물을 씹을 때, 입을 다물거나 이빨을 악물게 하는 기능을 한다.
- **기시:** 광대활 근육에서 시작
- **정지:** 아래턱 뼈 닿는 곳

구륜근

- **위치:** 입둘레에 존재한다.
- **역할:** 말을 할 때, 입을 다물거나 내밀게 하는 기능을 한다.
- **기시와 정지:** 륜으로 되어 있어 둥글다. 입주위를 둘러싸고 있고 입술을 형성한다.

이근

- **위치:** 아래턱 위에 존재한다.
- **역할:** 아랫 입술을 올리거나 내밀게 하는 기능, 턱을 끌어 내릴 때도 사용한다.
- **기시:** 아래 턱 뼈의 앞니 오목한 곳
- **정지:** 턱의 피부

흉쇄유돌근

- **위치:** 흉골의 위쪽에서 쇄골과 측두골로 이어진 표면근육
- **역할:** 머리를 앞쪽으로 내미는 기능을 한다. 그리고 머리를 회전시키며 반대편 어깨 쪽으로 머리를 당길 때 기능을 한다.
- **기시:** 흉골과 쇄골
- **정지:** 측두골

광경근

- **위치:** 턱 끝에서 가슴으로 이어진 표면 근육으로 목의 앞면을 덮고 있다.
- **역할:** 아래턱을 아래쪽으로 당기는 기능과 아래 입술을 바깥쪽으로 내밀게 하는 기능, 턱 끝 피부를 위쪽으로 당기는 기능을 한다.
- **기시:** 삼각근과 흉근을 덮고 있는 근막
- **정지:** 하악골

2) 인체의 근육

대흉근

- **위치**: 가슴 윗부분을 덮고 있는 표면 근육
- **역할**: 팔을 내전시키거나 안쪽으로 회전시키는 기능을 한다.
- **기시**: 흉골, 늑골, 쇄골
- **정지**: 상완골

상완이두근

- **위치**: 상완골의 안쪽 표면아래에 존재하는 표면근육
- **역할**: 팔을 구부리거나 팔뚝을 외전시키는 기능을 한다.
- **기시**: 견갑골
- **정지**: 요골과 팔뚝의 굴근

상완근

- **위치**: 이두근 아래에 상완골의 안쪽 면에 존재한다.
- **역할**: 팔뚝을 구부리는 기능을 한다.
- **기시**: 상완골
- **정지**: 척골

요측수근굴근

- **위치**: 팔뚝
- **역할**: 굴근은 손목관절을 구부리며, 신근은 손목관절을 뻗게 하는 기능을 한다.
- **기시**: ① 굴근에서 상완골, 요골, 척골
  ② 신근에서 상박골
- **정지**: ① 굴근에서 손목관절, 장골, 지골
  ② 신근에서 손목관절, 장골, 지골

무지구근

- **위치**: 손바닥 위에 존재한다.
- **역할**: 4개의 무지구근이 엄지손가락에 기능을 하며, 엄지손가락의 내·외전과 굴곡을 포함하는 움직임에 기능을 한다.
- **기시**: 손목관절과 장골
- **정지**: 엄지손가락 지골

소지구근

- **위치**: 손바닥 위에 존재한다.
- **역할**: 3개의 소지구근이 새끼손가락에 기능을 하며, 새끼손가락의 외전과 굴곡을 포함한 움직임에 기능을 한다.
- **기시**: 손목관절
- **정지**: 새끼손가락의 지골과 새끼손가락 근처의 장골

전거근

- **위치**: 겨드랑이 아래의 흉관 양면에 존재한다.
- **역할**: 물건을 밀 경우와 권투를 할 때에 견갑골을 당기는 기능을 한다.
- **기시**: 늑골
- **정지**: 견갑골

외복사근

- **위치**: 허리의 측면에 존재하는 표면근육
- **역할**: 몸통을 반대편으로 돌리는 기능을 한다.
- **기시**: 늑골
- **정지**: 장골 능선과 백색선

내복사근

- **위치**: 외부경사근 아래의 배 앞 측면에 존재한다.
- **역할**: 몸통을 반대편으로 돌리는 기능을 한다.
- **기시**: 장골 능선
- **정지**: 늑골과 백색선

복직근

- **위치**: 배의 전부분에 걸쳐 존재하는 표면근육으로 평균 2개의 근육이 배색선에 붙어있다.
- **역할**: 뱃속의 내장 기관을 보호하는 기능을 하며, 척추를 구부릴 때 기능한다.
- **기시**: 하복부골
- **정지**: 흉골 및 늑골 아래 부분

대퇴사두그룹

- **위치**: 대퇴의 앞쪽에 위치한 4개의 근육으로 이루어진 한 근육집단
- **역할**: 다리와 대퇴직근을 뻗을 때 기능을 하며, 또한 대퇴를 구부릴 때 기능을 한다.
  ① 대퇴직근
  ② 외측광근
  ③ 내측광근
  ④ 중간광근
- **기시**: 장골과 대퇴골
- **정지**: 슬개골와 경골

봉곤근

- **위치**: 대퇴의 앞면으로 대각선으로 존재하는 표피근육
- **역할**: 무릎과 골반을 구부리는 기능을 하며, 대퇴를 바깥쪽으로 돌리는 기능을 한다.
- **기시**: 장골
- **정지**: 경골

장내전근

- **위치**: 대퇴의 중앙부분에 존재하는 근육 집단
- **역할**: 대퇴를 내전시키는 기능을 한다.
- **기시**: 치골
- **정지**: 대퇴골

전경골근

- **위치**: 경골에 존재하는 표피근육
- **역할**: 배측굴곡의 기능을 한다(다리를 위쪽으로 올림).
- **기시**: 경골
- **정지**: 안검연골과 중족골

장비골근

- **위치**: 아래 다리 앞쪽 아래에 존재한다.
- **역할**: 엄지발가락을 뻗는 기능을 한다.
- **기시**: 비골
- **정지**: 엄지발가락 지골

승모근

- **위치**: 등 뒤의 위쪽과 목을 가로질러 존재하는 큰 둥근 모양의 표피근육
- **역할**: 어깨를 으쓱거릴 때에 쇄골을 올리는 기능을 하며, 목을 뒤쪽으로 당기는 기능을 한다.
- **기시**: 후두골과 척추
- **정지**: 견갑골과 쇄골

삼각근

- **위치**: 어깨를 감싸면서 존재하는 삼각형 모양의 표면근육
- **역할**: 인체중심 밖으로 팔을 끌어당기는 기능을 하며, 팔을 앞쪽과 뒤쪽으로 끌어 당기는 기능 한다.
- **기시**: 쇄골과 견갑골
- **정지**: 상완골

상완삼두근

- **위치**: 상완골의 뒤쪽에 존재하는 표피근육
- **역할**: 팔뚝을 뻗게 하는 기능을 한다.
- **기시**: 상완골와 견갑곡
- **정지**: 척골

대능형근

- **위치**: 척추와 견갑골 사이에 존재한다.
- **역할**: 견갑골을 척추 방향으로 회전시키거나 내전시키는 기능을 한다.
- **기시**: 흉부 척추
- **정지**: 견갑골

척추기립근

- **위치**: 척추의 양쪽에 존재하는 3개 근육의 집단
- **역할**: 허리를 뻗게 하는 기능을 하며 인체를 바른 자세로 유지시키는 기능을 한다.
- **기시**: 척추, 늑골, 장골능선
- **정지**: 경부 척추와 허리부분 척추, 늑골

광배근

- **위치**: 아래 흉곽과 허리부분 뒤쪽 아래에 존재하는 넓게 퍼져 있는 표피근육
- **역할**: 팔을 인체의 뒤쪽과 안쪽으로 당기는 기능을 하며, 등산할 때에 인체를 위쪽으로 당기게 하는 기능을 한다.
- **기시**: 척추
- **정지**: 상완골

대둔근

- **위치**: 엉덩이 뒷쪽 아래 부분에 존재하는 표피근육
- **역할**: 달리거나 점프를 할 때에 엉덩이를 당기게 하며, 대퇴부를 바깥쪽으로 회전시키는 기능을 한다.
- **기시**: 장골, 천골, 미골
- **정지**: 대퇴골

중둔근

- **위치**: 엉덩이 아래 부분과 대둔근의 깊은 부분에 존재한다.
- **역할**: 걷거나 달리기 할 때, 대퇴부를 몸 바깥쪽으로 당기거나 대퇴부를 몸 안쪽으로 회전시키는 기능을 한다.
- **기시**: 장골
- **정지**: 대퇴골

소둔근

- **위치**: 엉덩이 아래 부분과 중둔근 아래 부분에 존재한다.
- **역할**: 걷거나 달리기 할 때, 대퇴부를 몸 바깥쪽으로 당기거나 대퇴부를 회전시키는 기능을 한다.
- **기시**: 장골
- **정지**: 대퇴골

슬굴곡근

- **위치:** 엉덩이 뒤쪽에 존재하는 3개 근육의 집단
- **역할:** 무릎을 구부리거나 엉덩이를 당기는 기능을 한다.
  ① 대퇴 이두근
  ② 반 건양근
  ③ 반 막양근
- **기시:** 좌골
- **정지:** 경골

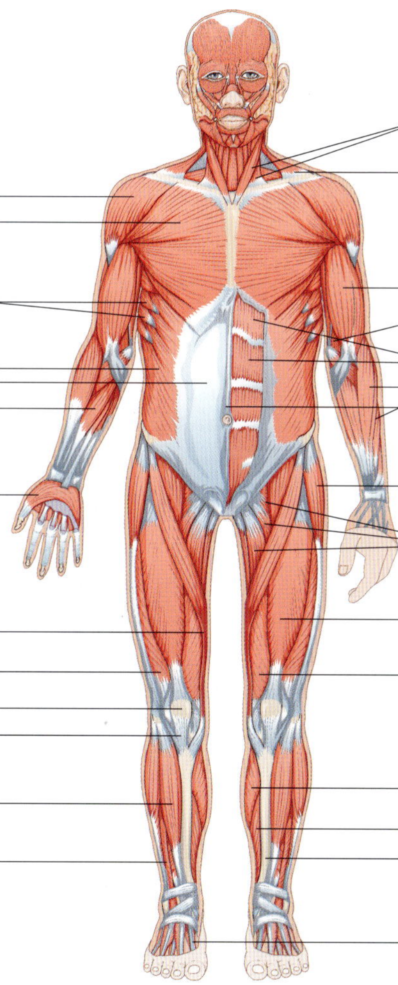

그림 7-8 인체 전면 근육

비 복근

- **위치**: 아래 다리 뒤쪽에 존재하는 표피근육
- **역할**: 다리의 저축굴곡(다리를 아래방향으로 당기는 기능을 한다)
- **기시**: 대퇴골
- **정지**: 아킬레스건을 경유한 통골

넙치근

- **위치**: 아래 다리 뒤쪽에 존재하며 비 복근에 깊이 존재한다.
- **역할**: 다리의 저축굴곡(다리를 아랫방향으로 당기는 기능을 한다).
- **기시**: 경골과 비골
- **정지**: 아킬레스건을 경유한 중골

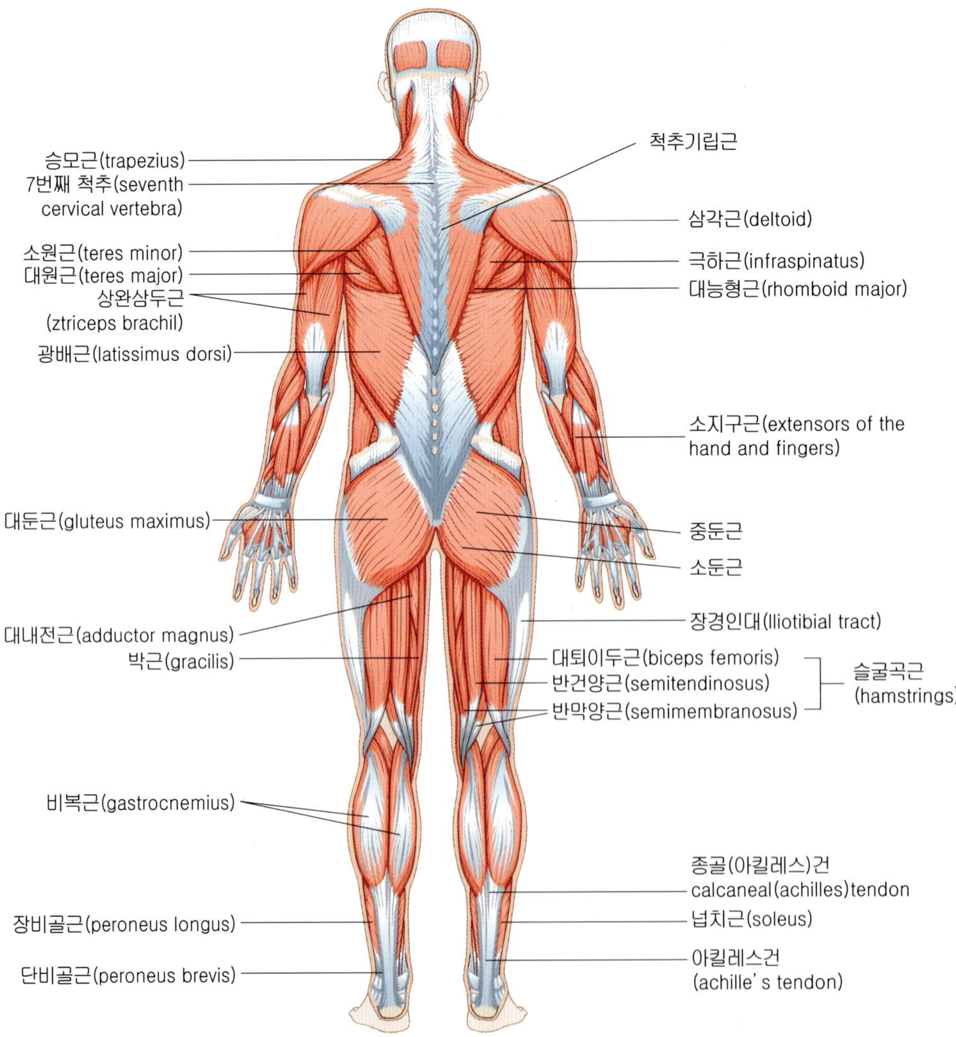

그림 7-9 인체 후면 근육

장무지굴근

- **위치**: 아래 다리의 뒤쪽을 향하며 바깥 면에 존재한다.
- **역할**: 엄지발가락을 구부리는 기능 및 다리의 새끼발가락 굴곡 그리고 내측 족궁을 지탱하는 기능을 한다.
- **기시**: 비골
- **정지**: 엄지발가락 지절

6. 혈관계통

혈관계는 심장, 혈액 그리고 혈관으로 구성되어 있다.

심장의 역할은 펌핑 작용을 하여 혈액을 인체의 여러 곳으로 이동시키는 것이다. 혈액은 혈관을 통하여 산소와 영양분을 인체 내의 세포로 이동시킨다(그림 7-10).

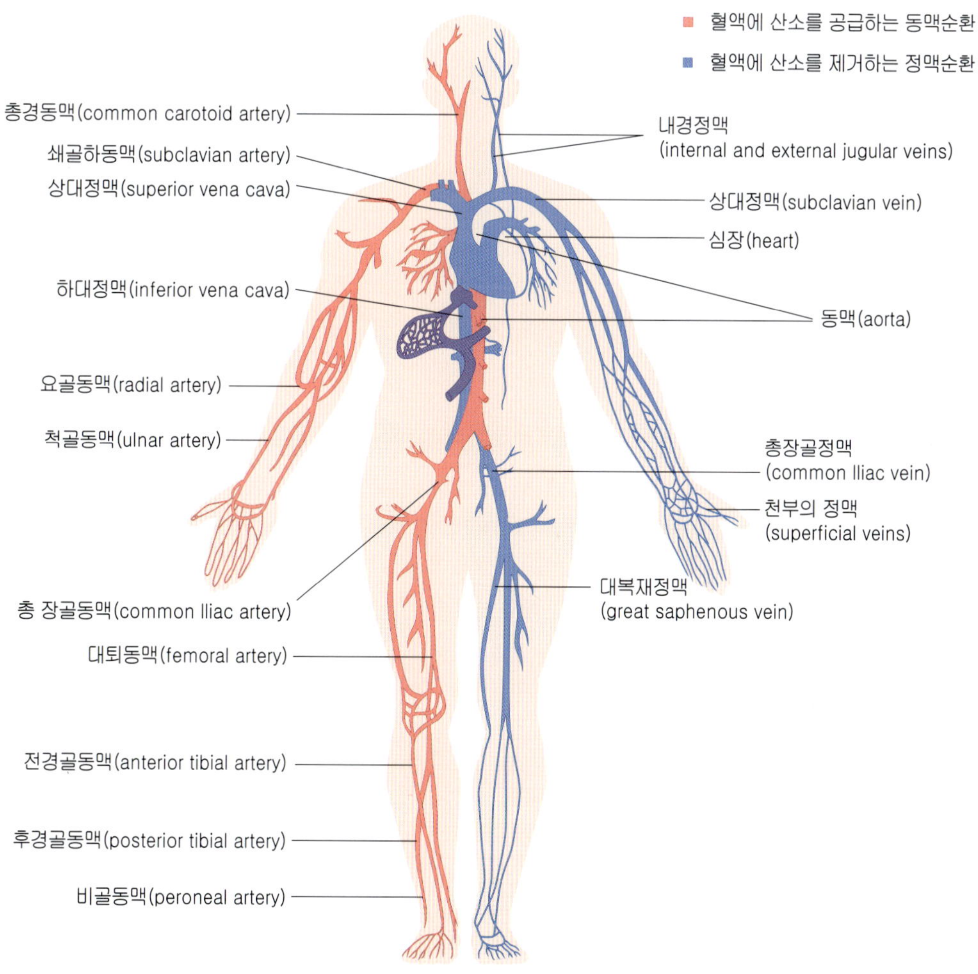

그림 7-10 혈관계통

1) 혈액

혈장(plasma)은 혈액의 액체 부분으로 대부분 물로 구성되어 있다. 인체 내에서 혈구세포나 호르몬, 영양분과 노폐물들이 혈장을 통하여 이동할 수 있다.

2) 혈액의 역할

혈액의 역할로는 첫째, 산소, 영양분 그리고 호르몬을 인체의 세포로 전달하는 기능을 하며, 근육이나 간으로부터 혈액을 통하여 인체 전체에 전달되어 체온 유지에 기여를 하게 된다. 둘째, 세포의 CO_2와 노폐물을 제거하는 기능을 한다. 셋째, 백혈구와 같은 혈액세포가 박테리와 같은 유해한 외부 물질들을 공격함으로써 인체를 보호한다. 그리고 인체에 상처가 생겼을 경우 혈소판을 이용하여 혈액을 응고시킴으로써 과다 출혈을 방지한다.

3) 적혈구

적혈구의 기능은 크게 두 가지로 첫째는 인체의 수 많은 세포들은 산소와 영양분 취하고 사용한 나머지의 노폐물은 CO_2로 만들어 적혈구에 의해 폐로 운반되어져 호흡을 통하여 밖으로 배출되게 한다. 둘째는 이러한 일을 하는 적혈구는 인체 내 세포에 산소를 운반하여 생명을 유지하는 기능을 담당한다.

4) 백혈구

백혈구는 또 다른 용어로 식세포(phagocyte)라고 불리며, 외부의 병원균으로부터 인체를 보호하여 면역을 담당하는 것이다.

식세포인 백혈구는 외부 박테리아 또는 위험한 병원균에 방어함으로 이들과 싸워 우리 몸을 지키는 수장 역할을 담당한다.

5) 혈소판

혈소판은 인체에 상처가 났을 경우 혈액 응고에 작용한다. 손상된 혈관으로부터 혈액의 유실이 일어날 경우 혈소판들이 서로 엉김으로써 혈액 유실을 막는 기능을 수행한다.

6) 혈관

혈액은 혈관을 통하여 인체의 구석구석에 수송되게 된다. 이러한 혈관의 종류에는 동맥(artery), 세동맥(arteriole), 모세혈관 (capillary), 세정맥(venule) 그리고 정맥(vein) 등이 있다.

(1) 동맥

심장의 펌프작용에 의하여 동맥 내의 압력이 높기 때문에 동맥은 얇고 탄력있는 근육질의 혈관벽을 가지고 있다. 동맥의 기능은 심장으로부터 혈액을 옮기는 것이다. 대부분 동맥은 산소화 된 혈액을 운반하지만 폐동맥의 경우에는 탈 산소화 된 혈액을 심장으로부터 폐로 운반한다. 동맥은 인체 표면상에 나타나는 맥박부위를 제외하고 인체 내에 깊숙이 존재한다.

맥박부위는 손목관절의 요골동맥(radial artery), 목 부위의 경동맥(carotid artery)이 대표적이다. 동맥은 심장으로 멀어질수록 크기가 작아지게 되는데, 그 결과 산소화 된 혈액은 동맥을 경유하여 크기가 작은 세동맥(arteriole)으로 이동하게 된다.

(2) 모세혈관

세동맥은 모세혈관에 연결되어 있다. 모세혈관은 혈관 중에서 가장 작은 혈관이다. 동맥과 정맥과는 달리 모세혈관의 혈관벽에서는 모세관교환이라는 과정을 통해 산소, 영양분 그리고 CO_2와 같은 특정물질만 통과할 수가 있다. 모세관에서 모세관교환을 통하여 산소와 영양분을 세포로 전달되며 CO_2와 노폐물들은 세포로부터 제거시킨다.

모세혈관은 좀 더 큰 혈관인 세정맥에 연결되어 있다. 모세혈관내의 혈액은 산소를 세포로 전달한 다음 세포로부터 CO_2를 받게 된다. 이때의 혈액은 탈산소화 혈액이 되며 탈산소화 혈액은 세정맥을 통하여 이동하게 된다.

(3) 정맥

세정맥을 통과한 혈액은 정맥을 통과하게 된다. 정맥은 동맥보다 인체의 표면 가까이 피부의 바로 아래에 존재하며 푸른색을 띄게 된다. 정맥은 탈산소화 된 정맥혈을 노폐물이 많은 채 심장으로 전달한다. 정맥의 혈관벽은 동맥보다 얇고 탄력성이 떨어진다. 일반적인 정맥과는 다르게 폐정맥의 경우는 폐로부터 산소화 된 혈액을 심장으로 전달한다. 대체로 다른 혈관들과는 다르게 정맥은 혈액의 역류를 방지하기 위한 판막이 존재한다. 정맥에는 2가지 종류가 있는데, 심장과 목 부위로부터 혈액을 운반하는 내경정맥과 두피로부터 혈액을 운반하는 외경정맥이 있다.

동맥과 달리 정맥은 심장의 펌프작용에 의해 혈액을 운반하지 않기 때문에 혈관내의 압력이 낮다. 그렇기 때문에 정맥내의 혈액은 걷는 동안에 작용하는 수의근과 호흡에 작용하는 불수의근 등의 압착작용에 의해 운반된다. 그런 까닭에 운동과 마사지가 특히 정맥의 흐름에 도움이 된다.

7. 면역 및 림프계통

면역은 감염원으로 개체를 지키는 중요한 방어기구이다. 면역이 성립된 개체의 혈청에는 대부분의 경우 항체라고 하는 것이 만들어져 세균의 증식을 막거나 독소를 중화시키는 역할을 담당한다. 개체에 면역반응을 일으키는 것을 항원이라고 한다.
면역응답에 있어서 가장 중요한 작용을 하는 것이 림프구이다.

림프계통은 림프, 림프관, 림프기관 그리고 몸 전체에 퍼져 있는 림프조직으로 구성된다. 과다 운동 시 사타구니, 겨드랑과 같은 부위가 뻐근하거나 아프게 되는데 이곳이 바로 림프절 또는 임파절이라 불리는 곳이다. 림프절은 모든 림프계를 구성하며, 혈액순환과 아주 밀접한 관련이 있다(그림 7-11).

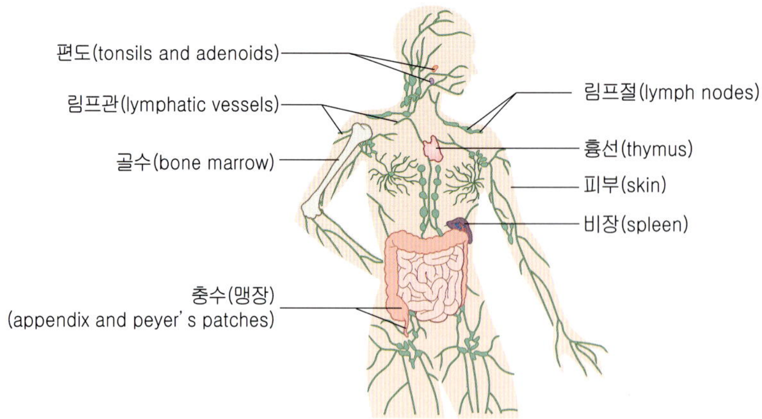

그림 7-11 면역 및 림프계

1) 림프계의 기능

림프계에는 3가지의 중요한 기능이 존재한다.

- 외부 감염으로부터 인체를 보호한다.
- 인체에 체액을 공급한다. 림프관은 조직 내에 존재하는 체액을 모아서 운반하는 기능을 하는데, 림프관에 의해 운반되는 체액은 정맥에서 혈액과 섞이게 된다.
- 지방을 운반한다. 지방은 소장으로부터 림프관으로 이동하여 혈류와 합류를 한다.

2) 림프의 유래

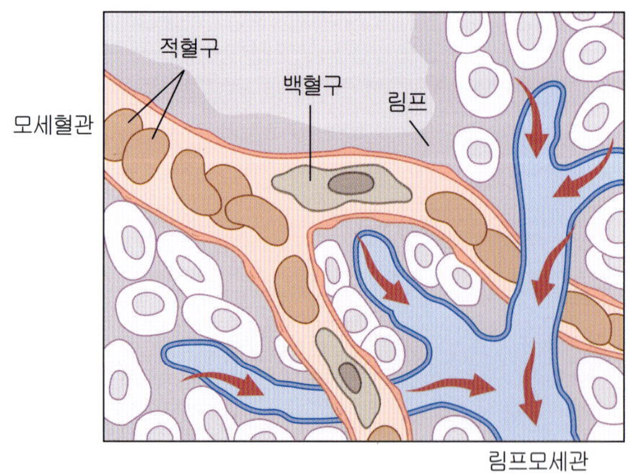

그림 7-12 림프모세혈관

혈액은 혈관 내에 존재하지만 혈액에 존재하는 혈장은 혈관벽을 통과하여 조직사이 공간에 쓰며든다. 이러한 혈장이 모여져서 조직액(tissue fluid)을 형성하게 된다. 이와 같은 조직액은 세포에게 영양분과 산소를 공급한다. 대부분의 조직액은 혈관 밖으로 빠져나간 다음 다시 혈관 안으로 들어오게 된다. 조직액이 림프모세관(lymphatic capillary)을 통과하면 림프액이 된다(그림 7-12). 이러한 림프액은 수많은 림프절을 통과하면서 여과(filter)되어진다. 여과된 림프액은 림프관(lymphatic duct)으로 이동하게 된다. 림프관은 림프액을 혈류로 다시 돌려보내는 역할을 한다.

3) 림프절

인체 내에는 약 600여개의 림프절들이 존재한다. 이러한 림프절들은 서혜부, 흉부, 액와부와 복부와 흉곽의 주요혈관 주위에서 주로 집단을 형성한다.

8. 신경계통

인체의 신경계는 두뇌, 척수, 신경 그리고 눈과 같은 감각기관 등으로 구성되어 있다. 즉, 근육계를 포함한 모든 인체의 작용을 신경계가 조절한다. 신경계는 인체 내에서 조직과 조직 간의 가장 빠른 통신 수단을 제공한다. 인체 내에서 신경신호는 전기적인 자극의 형태로 신경세포에서 다른 신경세포로 전달된다. 또한, 약 수백억 개의 신경세포들이 존재한다. 이러한 신경세포의 역할은 신경자극을 전달하는 것이다.

신경계는 중추신경계(central nervous system), 말초신경계(peripheral nervous system), 자율신경계(autonomic nervous system)로 나눈다(그림 7-13).

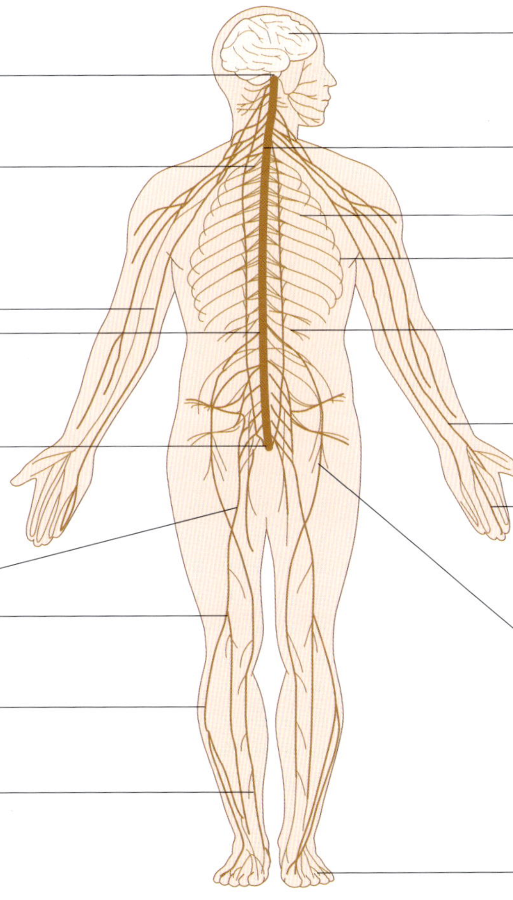

그림 7-13 신경계

1) 중추신경계

중추신경계는 두뇌와 척수로 구성되어 있다. 두뇌는 신경계에서 가장 중요한 부분이며, 100억 개의 신경세포들이 두뇌에 존재한다. 두뇌는 신경신호를 받아들이고 저장할 뿐만 아니라 인체의 모든 부분에 전달하여 부분에 맞는 역할을 수행하게 하게 한다. 또한, 척수의 역할은 두뇌와 인체의 모든 부분간의 통신을 제공하는 것이다.

2) 말초신경계

말초신경계는 중추신경계를 제외한 운동신경과 감각신경 등의 모든 신경과 연결되어 있다. 운동신경은 두뇌로부터 전달된 자극을 척추를 경유하여 골격근, 분비샘 그리고 평활근에 전달하여 이들이 역할을 수행하게 한다.

감각신경은 피부와 같은 기관에 존재하는 감각신경말단에서부터 신경자극을 두뇌로 전달한다.

3) 자율신경계

자율신경계는 교감신경과 부교감신경으로 구성되어져 있고 서로 다른 작용을 한다. 인체 내의 각 기관들은 교감신경과 부교감신경의 통제를 받는다.

자극을 주었을 때, 교감신경은 특정 동작에 관여를 한다. 교감신경은 심장박동수를 증가시키고 골격근내의 혈관을 팽창시키고, 땀샘을 자극시켜 땀을 분비시키고 털을 세우며 음식물의 소화를 중지시키고 아드레날린의 분비를 촉진시킨다. 이와 반대로 부교감신경은 혈류대사를 느슨하게 하며 근육 이완과 회복 과정에 관여를 한다. 이러한 부교감신경에 의해 수반되는 과정을 통하여 심장 박동 수와 혈압을 떨어뜨리고 소화를 다시 활성화 시킨다. 이러한 자율신경계는 소화와 배뇨 등과 같은 일상생활활동을 조절한다.

9. 내분비계통

내분비 조직은 신체 여러 부위에 흩어져 있어 신체의 항상성을 유지한다.

내분비 샘이 엄청난 힘을 발휘할 수 있는 까닭은 호르몬을 생산하기 때문이다. 호르몬이란 세포가 세포외액으로 분비해 내는 화학물질로서 다른 신체 세포의 대사 활동을 조절 해 준다.

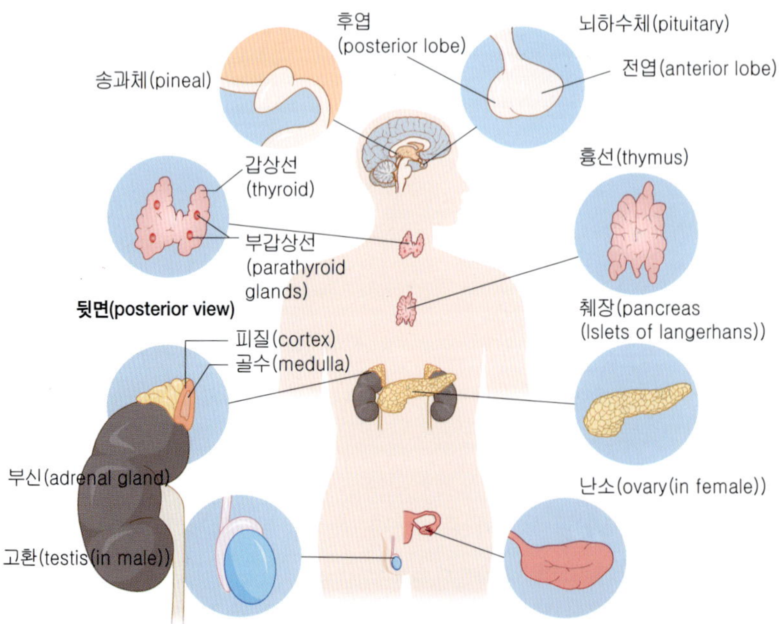

그림 7-14 내분비계

내분비선		
내분비선	분비된 호르몬	분비된 호르몬의 역할
뇌하수체 전엽	부신피질자극호르몬 (ACTH-adrenocorticotrophic hormone)	부신피질(cortisol 및 성 호르몬)을 활성화시킴
	갑상선자극호르몬 (TSH-thyroidstimulatinghormone)	갑상선샘의 발육 및 호르몬 분비 촉진
	성장호르몬 (GH-Growth hormone)	골격, 근육 그리고 기관의 성장을 활성화시킴
	프로락틴(prolactin)	젖샘을 활성화시킴
	여포(난포)자극호르몬 (FSH-follicle hormone)	난의 발생을 자극시키며, 여성의 경우 에스트로젠(estrogen)의 분비를 촉진시킴 남성의 경우 정자생성을 촉진시킴
	황체형성자극호르몬 (LH-luteinizing hormone)	자궁으로부터 배란을 촉진시키며 프로게스테론(progesteron)의 분비를 촉진시킴 남성의 경우 고환을 자극시켜 테스토스테론 (testosterone)의 분비를 촉진시킴
뇌하수체 후엽	항 이뇨호르몬 (ADH-Antidiuretic hormone)	인체 내의 수분을 조절함
	옥시토신 (OT-Oxytocin)	수유기 동안 모유를 분비시킴, 자궁수축 기능을 갖는다.
송과선	멜라토닌 (Melatonin)	취침 및 깨어남과 같은 신체리듬을 조절함
갑상선	티록신 (Thyroxine)	기초대사 항진 및 발육성장을 촉진, 물질대사 조절함
부갑상선	부갑상선호르몬 (Parathormone)	혈액내의 칼슘농도를 조절함
흉선	티로신 (Thymosin)	면역에 관여하는 림프구의 발생에 관여함
부신피질	성호르몬 (Sex corticoids)	사춘기 동안 성장의 변화를 유도함
	글루코 코티코이드 (Glucocorticoids)	혈액내의 단백질과 같은 영양분의 농도를 조절함
	미네랄 코티코이드 (Mineral corticoids)	인체 내에서 염과 같은 미네랄의 농도를 조절함
부신수질	아드레날린과 노르아드레날린 (Adrenalin and glucagon)	외부자극에 대해 신체가 반응하도록 조절함
췌장	인슐린과 글루카곤 (Insulin and glucagon)	혈액내의 당의농도를 조절함
자궁	에스트로젠과 프로게스테론 (Oestrogen and progesterone)	여성의 2차 성징을 조절함
고환	테스토스테론 (Testosterone)	남성의 2차 성징을 조절함

10. 호흡계통

인체 내의 모든 살아 있는 세포들은 산소를 필요로 한다. 호흡계통은 끊임없이 산소를 공급해 주고 이산화탄소를 배출시키는 역할을 하며, 폐와 혈액간의 가스교환에 관여하는 수많은 기관들로 구성되어 있다(그림 7-15).

호흡기관의 구조

구조	기능
코	코를 통하여 공기를 호흡하며, 코 안의 굵은 털에 의하여 큰 먼지 등의 유입을 막는다.
인두	인두는 공기가 통하는 관으로써 공기가 후두로 가게끔 한다.
후두	후두는 목소 리상자이며, 인두와 기관을 연결하는 역할을 한다.
기관	기관 역시 공기가 지나가는 통로이다. 흉곽과 연결되어 있으며 기관지를 형성한다. 기관지내에 존재하는 작고 부드러운 세모는 먼지나 해로운 물질의 유입을 막는 역할을 한다.
주기관지	주기관지는 2개의 통로로 이루어져 있으며, 각각을 기관지(bronchus)라고 부른다.
세기관지	기관지는 폐 속으로 들어가면서 많은 가지로 나뉘어 지게 된다. 폐로 들어갈수록 세기관지의 크기는 좀 더 작아지면서 폐포를 구성한다.
폐포	둥근 모양의 폐포는 모세혈관들로 쌓여져 있기 때문에 산소와 CO_2의 교환이 용이하게 이루어져 혈액을 정화시킨다.
폐	흉곽의 양쪽 면에 위치한 커다란 기관이며 2개의 폐 사이에 심장이 존재한다.
횡경막	폐 아래에 존재하며 흉강과 복강을 나누는 경계선이다.

폐에서의 가스교환

호흡된 공기는 폐로 이동한다. 폐에서는 산소는 폐포의 세포벽을 통하여 혈액으로 이동한다. 이때 혈액내의 적혈구가 산소를 취하여 인체 내의 세포에 산소를 공급하게 된다. 세포들에 의해 생기는 CO_2는 세포주위의 모세혈관으로 이동하게 되며, 폐포의 모세혈관을 통하여 폐포로 이동하여 호흡으로 인체 밖으로 나간다. 폐에서 탈 산소화 된 혈액은 다시 산소화가 되어 인체 내를 순환하게 된다.

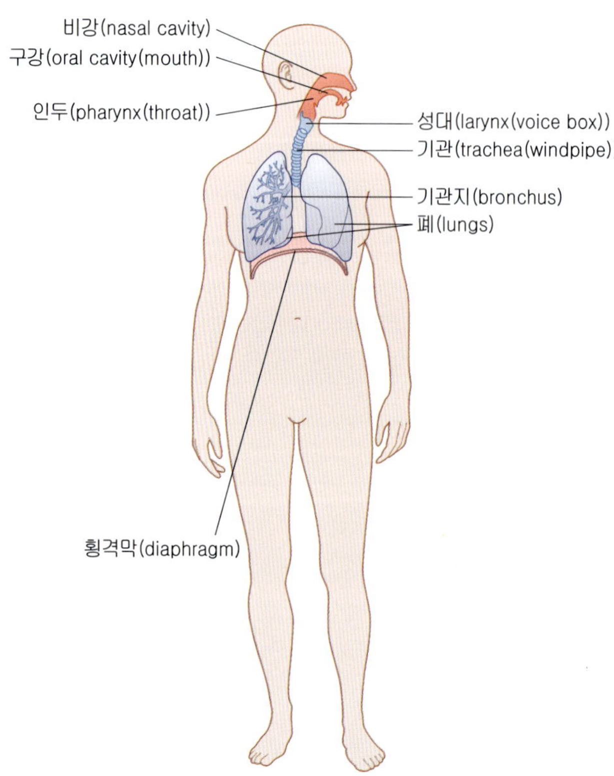

그림 7-15 호흡계

11. 소화기계통

소화기관은 입에서 부터 위, 간과 췌장, 대장 소장 등이 포함된다. 즉, 먹은 음식물을 혈액이 쉽게 흡수할 수 있을 정도의 아주 작은 크기로 분해하는 과정을 말한다. 작게 분해된 음식물들은 인체의 영양소로 사용되어지고 노폐물은 변으로 버려진다(그림 7-16).

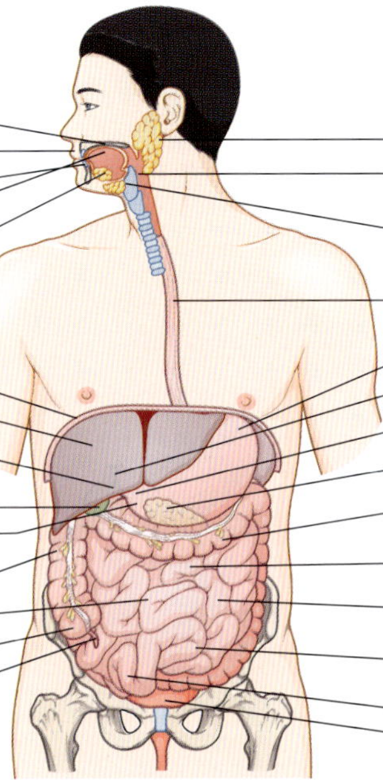

그림 7-16 소화기계

소화기계의 구조	
구조	기능
입	음식물을 씹는 동안 치아는 음식물을 잘게 분해시킨다. 입에는 3쌍의 침샘이 존재하며 음식물 속의 녹말을 분해시키는 아밀라제(amylase)라는 효소(enzyme)가 함유되어 있다. 침샘으로부터 분비된 침은 음식물을 매끄럽고 부드럽게 만든다.
인두	인두의 근육은 음식물을 식도로 넘어가도록 한다. 인두에 있는 연골로 된 후두개(epiglottis)가 음식물이 폐쪽으로 가는 것을 예방한다.
식도	식도 벽의 근육들의 연동운동(peristalsis)을 통하여 음식물이 위로 들어가도록 한다.
위	위는 횡격막아래에 왼쪽 편에 위치한 근육질의 기관이다. 음식물은 위에서 약 3시간 정도 머문다.
소장	음식물이 6m 이상의 길이의 소장으로 넘어가게 되면 음식물속의 대부분의 영양소들은 소장 벽에 존재하는 융모(villi)들을 통하여 인체로 흡수된다.
췌장	췌장은 위의 뒷부분 바로 아래에 존재하며 크기는 약 25cm 정도이다. 췌장에서는 음식물을 더욱더 잘게 분해시키는 효소가 분해된다.
대장	대장은 약 1.5m의 크기이며, 상행결장, 횡행결장 그리고 하행결장으로 나눠지게 된다. 소장으로부터 넘어온 액체상태의 음식물들 속에는 덜 소화된 음식물과 섬유질이 포함되어 있다. 대장은 이러한 음식물들에 남아있는 영양분과 수분을 인체내로 흡수한다. 그 결과 음식물의 남은 부분들은 대장에 고체화가 된다.
직장	직장은 약 13cm의 크기이며 항문(anus)으로 알려진 2개의 괄약근(sphinctermuscle)을 지니고 있다. 직장과 항문을 통하여 배설을 하게 된다.

소화기계의 구조 (계속)	
구조	기능
간	간은 복부의 오른쪽 위편에 횡격막 바로 아래에 존재하며 늑골에 의해 보호받는다. 간의 역할은 혈액을 저장하고, 혈액을 정화시키며, 담즙(bile)을 생산하며, 해독작용을 하고, 비타민 A, D, E, K와 글리코겐(glycogen)을 저장한다. 클리코겐은 글루코스(glucose)로 분해되어 인체의 에너지원으로 사용된다.
담낭	담낭은 담즙을 저장하는 저장소이다. 음식물이 소장에 들어가기 전 십이지장에 있을 때, 담낭으로부터 담즙이 분비되어 음식물에 포함된 지방을 분해시킨다.

12. 비뇨계통

비뇨계는 혈액을 정화시키며, 불필요하고 인체에 유해한 물질을 제거하기 위해 소변을 만들어 체외 밖으로 내보내며 수분과 염분의 균형을 유지시키고 혈액의 산과 염기의 평형을 조절하는 주요기능을 담당한다. 비뇨계는 2개의 신장, 2개의 수뇨관, 방광과 요도로 구성되어 있다(그림 7-17).

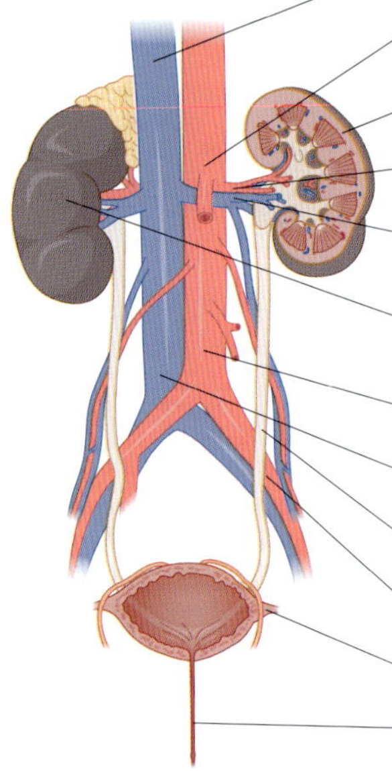

그림 7-17 비뇨기계

1) 신장

콩팥은 등 뒤쪽 흉추 11번~요추 3번 사이에 존재하며, 늑골에 의해 보호되고 있다. 콩팥은 두꺼운 지방 막에 의해 쌓여져 있다.

신장의 중요한 역할은 첫째, 혈액내의 노폐물을 제거시켜 혈액을 정화시키는 것이다. 둘째, 인체 내의 수분을 조절하여 나트륨과 염분의 평형을 맞추는 일을 한다. 즉 인체 내에 수분이 많은 경우는 혈액으로부터 수분을 제거하여 소변으로 배출시킨다.

2) 수뇨관

신장으로부터 나온 소변은 수뇨관이라고 불리는 3개의 관으로 이동한다. 수뇨관은 약 30cm의 길이를 가지며, 방광의 뒤쪽에 연결되어 있다.

3) 방광

소변은 방광에 저장된다. 방광 안에 충분한 양의 소변이 모였을 때, 소변을 보고 싶은 욕구가 생긴다.

4) 요도

요도는 방광으로부터 인체의 밖까지 연결하는 좁은 통로이다. 남성보다 여성이 요도길이가 더 짧다. 요도는 소변을 위한 통로로 기능하며, 남성의 경우 정액을 위한 통로로도 기능한다.

13. 생식계통

남성과 여성의 생식계는 새로운 생명을 탄생시키는 역할을 한다. 이러한 생명의 탄생은 여성의 난자가 남자의 정자에 의해 수정이 되었을 때 발생한다.

남성의 생식계 구조	
구조	기능
정소	정자와 남성호르몬인 테스토스테론을 만드는 곳으로 2개가 존재한다.
요도	정액과 소변이 지나가는 통로이다.
수정관	정소와 요도를 연결하는 통로로 약 45cm의 길이이다.
전립선	방광아래에 위치하며, 요도가 시작되는 부위를 감싸고 있으며 25%의 정액이 포함된 우유 빛 액체를 분비한다.

여성의 생식계 구조	
구조	기능
난소	난소는 자궁의 양옆에 존재하며 약 3cm의 크기이다. 난소는 여성 호르몬인 에스트로겐(estrogene)과 프로게스테론(progesterone)을 분비한다.
난자	난소에서 만들어진 난자가 나팔관으로 분비된다.
나팔관	정자가 난자를 만나기 위한 통로로 작용을 하며, 나팔관에서 수정이 일어나게 된다.
자궁	골반공간의 중앙에 위치하여 있고, 앞쪽으로는 방광이 있으며, 뒤쪽으로는 직장이 있다. 수정난이 자궁 안쪽 면에 착상을 하며 태아가 생기게 된다.
자궁경관	자궁의 맨 아래 부분에 존재하는 짧은 통로이다. 자궁경관은 질로 연결되어 있고 출산 시 팽창하게 된다.

1) 유방

유방은 주로 상피조직(glandular tissue)과 지방조직(adipose tissue)들로 구성되어 있다. 유방의 역할은 출산 후 모유를 생산하며 여성의 아름다운 몸매를 만들기도 한다.

유방의 구조	
구조	기능
섬유질 근육	여러 가닥의 연결조직들로 구성되어 있다. 유방의 형태적인 유지에 중요하다.
엽	엽에는 모유를 생산하는 유선이 있으며, 약 20개의 엽이 존재한다.
소엽	옆에는 여러 개의 소엽들이 존재하며, 유방샘꽈리가 있다.
유방샘꽈리	모유를 생산하는 곳이며, 생산된 모유는 유선으로 이동한다.
유선	유선에 있는 모유는 유관동으로 이동한다.
유관동	모유의 저장소로의 역할을 하며 저장된 모유는 유두를 통해 분비된다.
유륜	유두 주위의 색깔 있는 부위

정리하기

인체의 계통을 분류하고 기관의 기능에 관해 요약하시오.

참고문헌

- 강신옥 외(2004). 살롱트리트먼트. 훈민사
- 강신옥 외(2004). 응용에스테딕. 훈민사
- 구자영 외(2006). 기초해부생리학. 도서출판 성화
- 권소영 외(2008). 살바토레의 아로마테라피 완벽가이드. 현문사
- 김계숙 외(2006). 림프 & 아로마 관리학. 군자출판사
- 김명숙 편저(2006). 피부관리학 이론과 실제. 현문사
- 김봉인 외(2006). 스뷰티테라피. 정담미디어
- 김진호 외(2003). 유기화학. 한티미디어
- 김효명 편저(2002). 헤드마사지. 아카데미북
- 박상대(2005). 필수세포생물학. 교보문고
- 안홍석 외 공역(2006). 아로마 솔루션. 정담미디어
- 임이진(2002). SPA Life. 월간 호텔 · 레스토랑 출판부
- Angelo 외 공저, Milady's 고급피부학(2006). 군자출판사
- Daphne Roubini(2007). healing massage. Cico Books
- Dr. babor Cosmetic. Handout book(2009)
- Herlihy · Maebius(2009). The Human Body in Health and Illness. 정담미디어
- Julia Lawless/한국아로마협회 역(2002). 아로마 에센셜오일 백과사전. 현문사
- Kathi Keville & Mindy Green(2009). aromatherapy. crossing press
- Salvatore Battaglia 저/권소영 외 역(2008). 살바토레의 아로마테라피 완벽가이드. 현문사
- Stachowiak, karin(2001). Aromatherapie, Hippokrates Verlag
- Steiner, Claudia(1999). Aroma Kosmetik, Hippokrates Verlag
- Tisserand, M. Aromatherapy for women(1996). Healing Art Press

찾아보기